Warum Perfektion sinnlos
und an jedem Gerücht was dran ist

W0190151

Daniel Rettig ist Redaktionsleiter der digitalen Bildungsplattform *ada*. Zuvor leitete er bei der *Wirtschaftswoche* das Ressort Erfolg. Er hat bereits einige erfolgreiche Bücher veröffentlicht.

DANIEL RETTIG

Warum Perfektion
sinnlos und
an jedem Gerücht
was dran ist

77 schonungslose Jobwahrheiten

Campus Verlag
Frankfurt/New York

Für Isa, Emma und Matilda

ISBN 978-3-593-51083-5 Print
ISBN 978-3-593-44282-2 E-Book (PDF)
ISBN 978-3-593-44281-5 E-Book (EPUB)

Copyright © 2019 Campus Verlag GmbH, Frankfurt am Main
Umschlaggestaltung: Zeichenpool, München
Umschlagmotiv: © Shuttestock, BadBrother; Antun Hirsman
Satz: Publikations Atelier, Dreieich
Gesetzt aus der Minion und der Myriad
Druck und Bindung: Beltz Grafische Betriebe GmbH, Bad Langensalza
Printed in Germany

www.campus.de

Inhalt

Vorwort

Als Produktdesigner war Steve Jobs ein Genie, als Karriereberater ein Stümper. Am 12. Juni 2005 hielt der Apple-Gründer eine Rede vor Absolventen der Stanford University – und gab den Anwesenden ein paar Ratschläge mit auf ihren Lebensweg. Darunter auch den Tipp, dass man seinen Beruf unbedingt lieben müsse: »Eure Arbeit wird einen großen Teil eures Lebens ausmachen, und ihr werdet nur dann zufrieden sein, wenn ihr eure Arbeit für bedeutsam haltet – aber dafür müsst ihr sie lieben.«

Was für ein Quatsch.

Damit wir uns nicht falsch verstehen: Ja, es ist besser, seine Arbeit zu mögen, als sie zu verachten. Das heißt aber noch lange nicht, dass wir sie zwangsläufig lieben müssen.

Natürlich hören die Menschen gerne zu, wenn einer der berühmtesten Manager der Welt seine Erfolgsgeheimnisse offenbart. Manche lassen sich davon inspirieren, andere wollen sie gar imitieren. Aber ist das wirklich eine gute Idee? Lassen sich solche Methoden einfach übertragen? Oder sind sie schlicht die Erfahrungen eines einzelnen Managers – nicht weniger, aber eben auch nicht mehr?

Spätestens seit Steve Jobs' Rede teilen amerikanische Manager gerne philosophische Weisheiten mit Anhängern, Aktionären und Angestellten. Sheryl Sandberg, Chief Operating Officer von Facebook zum Beispiel, richtete sich in ihrem Bestseller *Lean In* vor allem an moderne, karrierebewusste Frauen. Hedgefonds-Milliardär Ray Dalio sprach bei der Ideenkonferenz TED über seine Führungsphilosophie der radikalen Transparenz (zu der wir später noch kommen). Und Amazon-Gründer Jeff Bezos erinnert ständig an sein Mantra vom »Tag 1«, damit sich die Belegschaft bloß niemals ausruht und jeden Morgen motiviert zur Arbeit kommt.

Von diesen modernen Hirtenbriefen soll vor allem das Image des Unternehmens profitieren. Seht her, so die Botschaft, unser Chef denkt trotz eines vollen Terminkalenders längst nicht nur an Geld, sondern vor allem über das Tagesgeschäft hinaus – was für ein wunderbarer Köder für talentierte Nachwuchskräfte, die heute nicht nur honoriert, sondern auch inspiriert werden möchten. Die hypnotisierende Wirkung der beruflichen Lebenslektionen wird dabei leicht vergessen.

Sagen wir es, wie es ist: Erfolg fasziniert. Auch weil er so wenig planbar ist. Niemand kann mit Sicherheit sagen, warum der eine Millionen auf dem Konto hat und der andere darben muss; wieso der eine vom Chauffeur ins Büro gefahren wird, während der andere sich jeden Morgen in den vollen Pendlerzug quetschen muss; weshalb aus dem miserablen Schüler ein Professor wurde, während der Streber von einst sich von einem Aushilfsjob zum nächsten hangelt. Manchmal dreht das Leben die Hierarchien um, manchmal behält es sie bei. War der eine fleißiger? Die andere klüger? Welche Rolle spielt das Glück? Und welche der pure Zufall?

Fragen über Fragen. Insofern ist es erstmal verständlich, von Vorbildern lernen zu wollen. Das Problem ist bloß: Dieses Bedürfnis nutzen selbsternannte Karriereexperten, Coaches und Berater gerne aus. In Seminaren, Büchern und Keynotes adaptieren sie die Best-Practice-Denke aus der Betriebswirtschaft und orientieren sich an bekannten Erfolgsgeschichten: Was dem einen Unternehmen hilft, wird ganz sicher auch dem anderen nützen. Und wer sich vom Klassenbesten inspirieren lässt, kann nichts falsch machen.

So haben sich in den vergangenen Jahren einige vermeintliche Gewissheiten etabliert. Demnach sind flache Hierarchien ein nahezu idyllischer Zustand. Gehälter sollten transparent sein, Gründer möglichst jung, Manager unbedingt authentisch, charismatisch und empathisch. Jeder sollte zunächst mal seine Leidenschaft finden, Langeweile unbedingt vermeiden und ruhig Fehler machen. Solange wir dabei vor allem nach Glück streben, ist alles gut.

Aber stimmt das wirklich? Die Arbeits- und Organisationspsychologie liefert hier wertvolle Hinweise. Wer einmal all die Feldstudien, Langzeituntersuchungen und Laborexperimente liest, der stellt relativ schnell fest, dass die Wahrheit doch wohl eher in der Mitte liegt. Zum einen lassen sich gewisse Muster nicht so einfach übertragen. Und zum anderen erweist sich die Hoffnung, dass man von erstrebenswerten Eigenschaften gar nicht genug haben kann, bei näherem Hinsehen als großes Missverständnis.

Die beiden Managementforscher Jason Pierce und Herman Aguinis von der Indiana University nennen das den *too-much-of-a-good-thing effect*. Studien zeigen zum Beispiel: Ein durchsetzungsstarker Chef ist gut – bis zu einem gewissen Punkt. Jenseits einer Grenze jedoch schadet er mit zu viel Durchsetzungsstärke sich selbst und seinen Angestellten. Ähnlich ist es mit der Gewissenhaftigkeit. Eine Eigenschaft, die erstmal gut ist – bis sie abgleitet in Kontrollwahn und Perfektionismus. Genauso wenig führt Autonomie am Arbeitsplatz immer zu seelischer Erfüllung, sondern im Extremfall zu purem Stress. Der Grat zwischen Erfolg und Scheitern ist äußerst schmal – auch weil dieselben Eigenschaften, die den Höhenflug ermöglichen, mitunter den Absturz einläuten. Umso wichtiger ist es, sich vor falschen Ratschlägen zu schützen. Genau dafür gibt es dieses Buch.

Vielleicht werden manche der Einsichten in diesem Buch Sie überraschen, andere womöglich verärgern oder enttäuschen. Aber wenn Ihnen auch nur ein Teil der hier vorgestellten Jobwahrheiten dabei hilft, vermeintlichen Erfolgsrezepten aus dem Weg zu gehen oder sich von falschen Vorstellungen zu befreien, dann hat mein Buch seinen Zweck erfüllt.

Zu diesen vermeintlichen Erfolgsrezepten gehört eben auch das eingangs von Steve Jobs zitierte Mantra, seine Arbeit unbedingt lieben zu müssen. Denn dieser Ratschlag birgt in Wahrheit zahlreiche Gefahren. Erstens riskieren Sie, dass weder Ihre Kollegen und Kunden noch Ihre Vorgesetzten diese Liebe erwidern – und dann sind Enttäuschungen programmiert. Und zweitens gibt es schließlich genauso gut Menschen, die ihr Lebensglück nicht daraus ziehen, jeden Morgen in ein Bürogebäude zu gehen und dort den ganzen Tag zu verbringen. Lieben die ihre Arbeit? Eher nicht. Geht es ihnen deshalb zwangsläufig schlechter? Wohl kaum. Was dem einen hilft, kann dem anderen schaden. Aber was dem einen schadet, kann dem anderen auch helfen.

1

Alles dauert länger, als man denkt

Pläne sind zwangsläufig zu optimistisch

Es gibt gewisse Themen, über die macht man keine Witze mehr. Ostfriesen zum Beispiel. Blondinen. Schotten. Oder den geplanten Berliner Flughafen. Ursprünglich sollte er 1,7 Milliarden Euro kosten und im Jahr 2011 eröffnen, Anfang 2019 hat er bereits 5,4 Milliarden Euro verschlungen und ist immer noch eine Baustelle. Doch »der BER« ist längst nicht das einzige Großprojekt in Deutschland, das zum Synonym wurde für Inkompetenz und Geldverschwendung. Die Elbphilharmonie in Hamburg sollte 186 Millionen Euro kosten, letztlich lief es auf 866 Millionen hinaus. Der Preis für den Bahnhof Stuttgart 21 wurde im Jahr 1995 auf 2,6 Milliarden Euro taxiert, 2017 waren es dann 7,6 Milliarden Euro. Ein deutsches Phänomen? Mitnichten: Die Baumeister von Sydney schätzten im Jahre 1957, dass das Opernhaus sechs Jahre später für sieben Millionen Dollar fertig würde. Tatsächlich feierte die Stadt die Eröffnung 1973, die Rechnung belief sich am Ende auf 102 Millionen Dollar.

Den dänischen Wirtschaftsgeografen Bent Flyvbjerg können solche Zahlen nicht mehr schockieren. Der Professor an der University of Oxford ist einer der weltweit renommiertesten Experten in Sachen Planungsfehler. Seine Studien zeigen es deutlich: Große Vorhaben dauern meistens länger und werden teurer als geplant. Etwa neun von zehn Projekten, hat Flyvbjerg beobachtet, entpuppen sich als Kostengrab.

Nun könnte man das als Versagen der staatlichen Bürokratie abtun oder auf die Komplexität der entsprechenden Projekte schieben. Wer selbst mal ein Haus neu gebaut, renoviert oder saniert hat, der weiß, was dabei alles schief gehen kann. Doch Psychologen wissen schon lange: Das Problem kennen nicht nur Bauherren. In Wahrheit dauert immer alles länger als geplant. Die legendären Psychologen Daniel Kahneman und Amos Tversky bezeichneten dieses Phänomen bereits im Jahr 1979 als »Planning Fallacy«, was auf Deutsch so viel heißt wie Planungsfehlschluss. »Er resultiert aus der Tendenz, gewisse Daten zu vernachlässigen«, schrieben die Forscher. Sie zogen damals ebenfalls den Vergleich zur Baubranche: Ein neues Gebäude könne nur dann pünktlich entstehen, wenn alle Materialien wie vereinbart geliefert werden, wenn alle Arbeiter immer gesund, munter und motiviert sind und obendrein das Wetter mitspielt: »Dass nichts davon klappt, ist unwahrscheinlich«, schrieben Kahneman und Tversky, »aber dass mindestens einer dieser Faktoren ausfällt, ist sehr wahrscheinlich.« Roger Buehler, Psychologieprofessor von der kanadischen Wilfrid Laurier University, befragte vor einigen Jahren eine Reihe von Studenten, wann sie ihre Abschlussarbeit abgeben wollten. Die Schätzungen wichen deutlich von den späteren tatsächlich benötigten Zeiten ab: Nur 30 Prozent wurden innerhalb der angedachten Frist fertig, im Schnitt brauchten sie 22 Tage länger als geplant.

Aber wieso unterschätzen wir ständig die benötigte Zeit, bis etwas fertig ist? Das hat mehrere Gründe: Zum einen wissen wir nicht, wie die Welt in Zukunft aussieht. Wenn wir uns etwas vornehmen, vernachlässigen wir sämtliche Faktoren, die das Projekt zumindest kurzfristig aufhalten, mitunter manipulieren und bisweilen sabotieren könnten. Wir ignorieren alle Unwägbarkeiten und Störungen, selbst wenn wir uns über sie völlig im Klaren sind. Zweitens unterstellen wir uns selbst mehr Disziplin und Organisationstalent, als wir tatsächlich haben. Immer und immer wieder. »Die Geschichte lehrt die Menschen, dass die Geschichte die Menschen nichts lehrt«, soll Mahatma Gandhi einst gesagt haben.

Daniel Kahneman und Amos Tversky empfahlen bereits in den Siebzigerjahren, sich vom individuellen Projekt zu lösen. Statt nur an die anstehenden Probleme, Herausforderungen und Schwierigkeiten zu denken, sollten wir uns bemühen, vergangene Erfahrungen zu berücksichtigen. Wie lief es bei vergleichbaren Projekten? Wo lauern Fallen und Umwege – und wie könnte man sie vermeiden? Die Antwort dürfte dabei helfen, den Weg ins Ziel genauer zu planen und sich so manchen Ärger zu ersparen.

Doch gleichzeitig muss man auch sagen: In gewisser Weise hat der Planungsfehlschluss durchaus einen Sinn. Würden wir schon vor Beginn über alle Hindernisse nachdenken, würden wir uns nie auf den Weg machen. Ein bisschen ungesunder Optimismus darf, nein: muss also sein. Aber seien Sie am Ende nicht enttäuscht, wenn es mal wieder länger dauert.

2

Alter bringt Zufriedenheit

Der mürrische Senior ist ein Mythos

Wo Menschen aufeinandertreffen, sind Vorurteile nicht weit – und solche Denkmuster haben mitunter fatale Folgen. Dann etwa, wenn ältere Mitarbeiter automatisch als Minderleister abgestempelt werden und sie infolgedessen auf Distanz zur Firma gehen. Dabei ist der grummelige Alte, der sich auf den Ruhestand freut wie ein Kleinkind auf die Bescherung an Heiligabend, ein Mythos: Mit steigendem Alter sind Menschen in der Regel tatsächlich zufriedener mit ihrem Beruf – und daher auch motivierter, engagierter und zufriedener.

So lautete vor einigen Jahren das Fazit von Thomas Ng und Daniel Feldman (beide University of Hong Kong). Die Forscher suchten dafür in wissenschaftlichen Datenbanken nach Arbeiten, die sich dem Zusammenhang zwischen dem Lebensalter und der Jobzufriedenheit gewidmet hatten. Um möglichst lebensnahe Ergebnisse zu erhalten, ignorierten sie allerdings alle Laborexperimente und berücksichtigten nur Feldstudien. Immerhin blieben dabei noch 802 Untersuchungen übrig. Und siehe da: Egal ob es um die Einstellung gegenüber den Aufgaben, den Kollegen oder den Arbeitgebern ging – alle wiesen einen positiven Zusammenhang zum Lebensalter auf. Ältere waren glücklicher.

Dafür könnte es eine Reihe von Gründen geben. Vielleicht liegt es ja am Job selbst. Tendenziell haben ältere Arbeitnehmer mehr Macht, Status und Ansehen, außerdem verdienen sie meist mehr Geld als ihre jüngeren Kollegen – einfach deshalb, weil sie schon länger dabei sind. Ng und Feldman zufolge lässt sich das Resultat aber womöglich auch mit der sozioemotionalen Selektivitätstheorie erklären. Klingt schrecklich kompliziert, ist aber eigentlich ganz simpel.

Die Theorie geht zurück auf die Psychologin Laura Carstensen von der Stanford University. Die renommierte Altersforscherin nimmt an, dass Menschen ihr Handeln bewusst danach ausrichten, wie viel Zeit ihnen noch auf der Erde bleibt. In Kindheit und Jugend wollen sie demnach vor allem neue Eindrücke gewinnen und neue Menschen kennenlernen. Doch je älter sie werden, desto wichtiger werden Aspekte wie Sicherheit und Geborgenheit, da die sprichwörtliche Uhr langsam abläuft – und umso mehr Wert legen sie auf stabile Freundschaften mit ausgewählten Menschen.

Und Thomas Ng und Daniel Feldman glauben: Diese Theorie erklärt auch, warum Ältere mit ihrem Beruf tendenziell zufriedener sind als Jüngere. Mit steigendem Lebensalter verschieben sich die Prioritäten. Die Erwartungen sinken, die Gelassenheit nimmt zu. Die einen ziehen ihr Glück lieber aus Freizeitaktivitäten, die anderen haben ab der zweiten Lebenshälfte ohnehin andere Wünsche und Ziele, manchen wiederum sind Beförderungen und Gehaltserhöhungen nicht mehr so wichtig. Und wer das Spiel im Büro gar nicht erst mitmacht, der kann auch nicht verlieren.

3

Nur Anfänger reagieren auf Kritik allergisch

Der Umgang mit Feedback ist ein Indiz für Expertise

Jim Haskel war genervt. Wochenlang hatte der Investmentmanager das Treffen mit einem wichtigen Kunden vorbereitet, doch ausgerechnet sein Chef hatte es verbockt. Seinen Ärger ließ er ihn noch am selben Tag wissen.

»Ray«, begann er die E-Mail an seinen Vorgesetzten, »für deinen Auftritt in der heutigen Besprechung verdienst du eine Vier minus. Alle Kollegen sehen das genauso, und das war vor allem aus zwei Gründen enttäuschend: In der Vergangenheit warst du bei solchen Meetings immer herausragend. Außerdem hatten wir vorher genau besprochen, dass du dich bitte kurzfasst, weil insgesamt nur zwei Stunden Zeit mit dem Kunden angesetzt waren. Stattdessen hast du alleine 62 Minuten geredet. Offensichtlich hast du dich überhaupt nicht vorbereitet, sonst wärst du niemals so planlos gewesen. Das darf uns nicht mehr passieren.«

Ob Haskels Chef ihn daraufhin zur Rede stellte oder sogar abmahnte? Nichts dergleichen. Stattdessen leitete er die E-Mail an alle Mitarbeiter weiter, bedankte sich für das kritische Feedback – und versprach, an sich zu arbeiten.

In einem normalen Unternehmen wären solche digitalen Pamphlete beruflicher Selbstmord. Aber der Arbeitgeber von Jim Haskel will gar nicht normal sein. Denn sonst hätte Ray Dalio seine Firma Bridgewater Associates nicht zu einem der erfolgreichsten Hedgefonds der Welt gemacht, mit einem verwalteten Vermögen in Höhe von 160 Milliarden Dollar. Nicht trotz, sondern gerade wegen der besonderen Unternehmenskultur. Dalio hat radikale Transparenz zum obersten Prinzip erklärt – und dazu gehört es auch, dass sich einer der reichsten Männer der Welt regelmäßig von Berufseinsteigern öffentlich kritisieren lässt: »Manche Menschen haben regelrecht Panik davor, mit ihren Schwächen konfrontiert zu werden«, sagt Dalio: »Aber die beeindruckendsten Persönlichkeiten haben genau deshalb Erfolg, weil sie mit ihren Schwächen umzugehen wissen. Und die dümmsten Menschen, die ich kenne, stellen sich diesen Schwächen nie.«

Feedback muss sein. Wer nie eine realistische Rückmeldung zu seiner Leistung bekommt, kann sich nicht verbessern. Er weiß nicht, was er schon beherrscht und wo er noch Schwächen hat. Andererseits wird niemand wirklich gerne kritisiert. Natürlich werden wir lieber auf Großtaten hingewiesen als auf Besuche im Fettnapf. Aber das ist nicht nur falsch und gefährlich, weil es Fortschritt verhindert. Der souveräne Umgang mit negativem Feedback ist obendrein sowohl Zeichen von Stärke als auch Indiz für Expertise. Kenner können Kritik nicht nur gut vertragen. Sie fordern sie regelrecht ein.

Das zeigte vor einigen Jahren auch eine Studie von Stacey Finkelstein (Columbia University) und Ayelet Fishbach (Booth School of Business an der University of Chicago). In einem Versuch befragten die beiden Psychologinnen beispielsweise amerikanische Studenten, die an ihrer Hochschule Französischkurse belegten. Die einen saßen im Anfänger-, die anderen im Fortgeschrittenenkurs. Wer gerade erst mit der neuen Fremdsprache begonnen hatte, wollte lieber positives Feedback haben. Wer hingegen schon recht gut Französisch sprach, wollte lieber negative Rückmeldungen erhalten. Solche also, die ihn eher an seine verbleibenden Schwächen erinnerten als an seine bereits vorhandenen Stärken. In weiteren Experimenten war das Ergebnis ähnlich. Egal ob bei Männern oder Frauen, egal ob es um berufliche oder private Fähigkeiten ging: Die Anfänger wollten eher Lob, die Fortgeschrittenen eher Kritik.

Finkelstein und Fishbach glauben, dass es im Lernprozess zu einem Sinneswandel kommt. Wenn Menschen gerade erst etwas Neues lernen, tut ihnen verbaler Beifall gut, damit sie überhaupt dranbleiben. Doch je besser sie etwas können, desto wichtiger wird der Faktor Fortschritt. Experten wollen vorankommen und sich verbessern – und dabei hilft Klartext mehr als Schönfärberei. Amateure lassen sich anders motivieren als Profis.

Die beiden Wissenschaftlerinnen vergleichen das mit einem Klavierspieler. Ein Anfänger verspielt sich häufig, er kann kaum Noten lesen und muss lernen, Hände und Füße miteinander zu koordinieren. Wenn der Lehrer ihn nun auch noch ständig auf seine Unzulänglichkeiten hinweist, dürfte das seine Motivation nicht unbedingt steigern. Sagt er ihm jedoch, was er bereits gut macht, wird ihn das eher zum Weiterüben animieren. Ein ausgebildeter Pianist hingegen arbeitet vor allem an seinen Schwächen. Daher macht es ihm auch nichts aus, wenn er erfährt, woran er noch arbeiten muss. Und so lassen sich nach Angaben von Finkelstein und Fischbach auch im echten Leben die wahren Könner identifizieren: Sie fordern negatives Feedback aktiv ein.

Das heißt aber im Umkehrschluss: Man muss die Art der Kritik immer daran ausrichten, wen man adressiert. Dessen ist sich auch der Milliardär Ray Dalio bewusst. Er weiß, dass seine Art der Unternehmensführung nicht für jeden geeignet ist. Im Schnitt dauere es 18 Monate, bis sich neue Mitarbeiter an die totale Transparenz gewöhnt hätten: »Aber dadurch nehmen sie gut begründeten Widerspruch und andere Meinungen niemals persönlich.« Entscheidend sei es, stets offen für Verbesserungen zu sein, aber trotzdem seinen Standpunkt zu vertreten. Oder, wie es der amerikanische Organisationsforscher Karl Weick mal ausdrückte: »Kämpfe, als ob du Recht hättest – und hör zu, als ob du Unrecht hättest.«

Anregungen sind beliebter als Einwände

Achten Sie auf Lösungen, nicht auf Probleme

Querdenken ist derzeit schwer angesagt. Kreative Branchen, Designer, Architekten oder Werbeagenturen zum Beispiel, fordern und fördern Vielfalt schon immer. Doch in Zeiten der Disruption stehen auch Traditionsunternehmen auf geistige Regelbrecher. Diversity soll Diskussionen befeuern und Lösungen erleichtern. Deshalb will angeblich jede Führungskraft, die etwas auf sich hält, freiwillig institutionellen Widerspruch fördern. In Interviews betonen Topmanager gerne, dass sie abweichende Meinungen nicht nur akzeptieren, sondern auch honorieren. Aber stimmt das überhaupt? Wie ergeht es jenen, die die Wahrheit aussprechen, die Missstände anprangern und auf Fehler hinweisen? Werden sie für ihren freiwilligen Gang in die Opposition wirklich belohnt?

Dieser Frage widmete sich im Jahr 2017 die Managementforscherin Elizabeth McClean von der University of Arizona. Für den ersten Teil ihrer Studie kooperierte sie mit der US-Militärakademie in West Point im Bundesstaat New York. Dort bereitet sich jeder Kadettenjahrgang vier Monate lang auf eine mehrtägige Kriegssimulation vor. McClean schickte allen 36 Teams an drei unterschiedlichen Zeitpunkten Fragebögen.

Bei der ersten Umfrage wollte sie wissen, inwieweit die einzelnen Kadetten sich in den Gruppendiskussionen einbrachten, ob sie zum Beispiel Ideen zur Verbesserung machten oder auf Fehler und Probleme hinwiesen. Kurz vor Beginn des Wettbewerbs meldete sich McClean dann erneut und erkundigte sich, welchen Status die Kadetten den anderen Teammitgliedern zuwiesen. Nach Abschluss der Übung wollte sie wissen, welchen Kameraden sie in einer Wiederholung des Wettbewerbs am ehesten als Anführer wählen würden. Und siehe da: Am ehesten zu Befehlshabern gekürt wurden männliche Kadetten, die sich mit verbesserungsorientierten Vorschlägen (*promotive voice*) zu Wort gemeldet hatten – nicht aber jene, die mit problemorientierten Ideen (*prohibitive voice*) auf sich aufmerksam gemacht hatten. Weibliche Kadetten hingegen, die in jeder Gruppe immerhin mit einem Anteil von etwa 20 Prozent vertreten waren, profitierten weder von lösungs- noch von problemorientierter Kommunikation.

Nun könnte man dieses Resultat noch auf die männerdominierte Militärwelt schieben. Allein: In einem darauffolgenden Laborexperiment war das Ergebnis dasselbe. Hier ließ McClean knapp 200 Freiwillige die Mitarbeit in einer Versicherung simulieren und einer fiktiven Besprechung lauschen. Vorher teilte sie die Probanden in vier Gruppen: Gruppe A hörte, wie ein Mann Verbesserungsideen einbrachte, Gruppe B hörte diese Einfälle von einer Frau. Gruppe C lauschte, wie ein Mann Fehler anprangerte, Gruppe D hörte dasselbe von einer Frau. Welche Gruppe der Person hinterher am meisten Führungsstärke zutraute? Genau: Gruppe A. Anscheinend wird Männer mehr Macht zugebilligt, wenn sie sich an Diskussionen beteiligen – aber nur dann, wenn sie Ideen einbringen, nicht wenn sie auf Probleme hinweisen. Frauen hingegen wurde in den Experimenten keine Form der Beteiligung zugutegehalten.

Elizabeth McClean erklärt sich das Resultat mit der Theorie der Erwartungszustände (expectation states theory), die einst der US-Sozialpsychologe Joseph Berger entwickelte. Demnach resultieren Statusunterschiede innerhalb einer Gruppe aus den verschiedenen Erwartungen, die die Mitglieder aneinander haben. Von einem Anführer wird demnach verlangt, dass er durchsetzungsfähig ist und eine Strategie für die Zukunft hat – und diese Eigenschaften werden eher mit verbesserungsorientierten Vorschlägen verbunden. Wer hingegen immer nur darauf hinweist, was alles falsch läuft, wirkt tendenziell destruktiv und vergangenheitsorientiert. Und so jemandem wollen die Menschen anscheinend ungerne folgen. Egal ob Mann oder Frau.

Mit ihren Forschungen will McClean auf keinen Fall suggerieren, dass Männer oder Frauen Probleme missachten sollten. Vielmehr legt ihre Untersuchung nahe, dass die Reaktion auf eine Meinungsäußerung immer noch vom Geschlecht abhängt. Daher appelliert sie vor allem an die Wachsamkeit der Führungskräfte: »Wenn Menschen von Natur aus dazu neigen, den Ideen von Frauen weniger Beachtung zu schenken, dann müssen wir zusätzliche Anstrengungen unternehmen, um diese Verzerrung zu überwinden.«

Was leicht aussieht, ist immer harte Arbeit

Fleiß bringt eben doch den Preis

Wenn Weltklasseathleten alles gewonnen haben, was es in ihrer Sportart zu gewinnen gibt, alle Meisterschaften und Wettbewerbe, alle Pokale und Medaillen, dann bleibt nur noch eines: die Adelung durch einen Schriftsteller. Über Roger Federer zum Beispiel äußerte sich im Jahr 2006 der amerikanische Schriftsteller David Foster Wallace, einst selbst ein passabler Tennisspieler. Dem Schweizer zuzuschauen gleiche einer »religiösen Erfahrung«, schrieb Wallace: »Das klingt wie eine Übertreibung, aber sie trifft den Kern der Sache.« Federers Vorhand erinnere ihn an einen Peitschenhieb, sein Slice mit der einhändigen Rückhand sei derart angeschnitten, dass der Ball »in der Luft Figuren beschreibt«, Federers Antizipation und sein Gespür für den Platz seien legendär, seine Beinarbeit unerreicht, der ganze Mensch ein einziges Gesamtkunstwerk, »Poesie in Bewegung«.

Nun muss man kein tennisbegeisterter Autor sein, um mit Federer zu sympathisieren. Nicht nur wegen seiner sportlichen Erfolge oder seiner bescheidenen, leisen Art, seiner skandalfreien Karriere oder seines intakten Privatlebens mit Ehefrau und zwei Zwillingspaaren. Sondern weil er auf dem Platz tatsächlich den Eindruck erweckt, als sei Tennis wortwörtlich ein Kinderspiel. Federer schwitzt kaum, gibt keine martialischen Laute von sich, hat keine aufgepumpten Oberarme. Alles wirkt so geschmeidig, elegant und scheinbar mühelos. Da kann man schon mal vergessen, wie viel Arbeit hinter dieser Leistung steckt. Denn auch wenn das heute kaum noch zu glauben ist: Es gab mal eine Zeit, da war Federer auf dem Platz ein cholerischer Heißsporn, der reihenweise Schläger zertrümmerte, und dem aufgrund enttäuschender Ergebnisse bei Grand-Slam-Turnieren mentale Schwäche vorgeworfen wurde. Von 1995 an trainierte er im nationalen Leistungszentrum der Schweiz. Bis er in der Weltrangliste auf Platz eins stand, sollten von da an noch mal zehn Jahre vergehen.

Anders Ericsson dürfte das kaum überraschen. Der Psychologe, der inzwischen an der Florida State University lehrt, veröffentlichte im Jahr 1993 eine inzwischen legendäre Studie: »Menschen brauchen mindestens zehn Jahre Übung«, schrieb Ericsson darin, »um auch im internationalen Vergleich gute Leistungen zu erreichen.« Nicht nur Talent und gute Gene entscheiden demnach darüber, wer es bis ganz nach oben schafft. Der Preis entsteht vor allem durch Fleiß – und Ericsson machte das an einer Zahl fest: Wer Weltklasse sein will, müsse mindestens 10 000 Stunden üben.

Egal ob in Sport oder Wissenschaft, Kunst oder Kultur: Seitdem es Spitzenleistungen gibt, denken Menschen über deren Entstehung nach. Früher machten sie dafür den Einfluss der Sterne verantwortlich oder großzügige Gaben der Götter. Der britische Naturforscher Sir Francis Galton vermutete als Erster, dass auch die Gene eine Rolle spielten – denn in seinem erstmals 1869 veröffentlichten Buch *Hereditary genius* entdeckte er, dass die engen Verwandten prominenter Personen häufiger prominent waren als deren entfernte Verwandte. Bekanntheit war demnach die beinahe unvermeidliche Folge einer genetischen Veranlagung.

Und tatsächlich: In gewissen Bereichen haben manche Menschen erblich bedingte Vorteile. Die Größeren sind tendenziell bessere Basketballspieler, die Kleineren taugen zum Pferdejockey. Große Füße helfen dem Schwimmer, lange Finger dem Pianisten. Das heißt aber erstens nicht, dass diese Glücklichen immer die entsprechenden Spitzenleistungen erreichen – und bedeutet zweitens auch nicht, dass der unglückliche Rest die Leistungen niemals schaffen kann. Oder wie Anders Ericsson es ausdrückt: »Die maximale Leistungsfähigkeit wird vor allem durch bewusste Anstrengungen zur Verbesserung erreicht.«

Zu diesem Resultat gelangte Ericsson in einer Untersuchung, für die er mit den beiden deutschen Wissenschaftlern Ralf Krampe und Clemens Tesch-Römer zusammenarbeitete. Das Forschertrio kooperierte dafür mit der Berliner Hochschule der Künste. Eine Reihe von Musikprofessoren nannte Ericsson zunächst die Namen von 40 Studenten. Einem Teil davon trauten die Dozenten das Potenzial für eine internationale Sololaufbahn zu, bei anderen sahen sie die Zukunft hingegen eher als Lehrer an einer Musikschule – für mehr reichte ihr Können nicht.

Nun befragten die Forscher alle Freiwilligen drei Mal ausführlich zu ihrem Werdegang. Unter anderem sollten sie schätzen, wie viele Stunden pro Woche sie an ihrem Instrument übten, seitdem sie damit zu spielen begonnen hatten. Alle Testpersonen hatten mindestens zehn Jahre trainiert – und hatten es in dieser Zeit auf 10 000 Stunden Übung gebracht. »Der Unterschied zwischen Spitzen- und Normalleistungen entsteht nicht durch angeborenes Talent«, schrieb Ericsson, »sondern ist Ausdruck lebenslangen Übens.«

Das heißt nun nicht, dass man ein 100-Meter-Sprinter wird, wenn man einfach jeden Tag 100 Meter läuft oder ein Konzertpianist, wenn man konstant »Alle meine Entchen« klimpert. Vielmehr kommt es laut Ericsson auf *deliberate practice* an, was so viel heißt wie »zielgerichtetes Üben«. Entscheidend sei, über einen langen Zeitraum konstant an sich zu arbeiten; sich dabei ständig neu zu fordern und fortwährend Feedback von kompetenten Freunden und Kollegen einzuholen. Eine Garantie für den Sprung an die Weltspitze gibt es natürlich trotzdem nicht – aber wer es nicht wenigstens probiert, wird es nie herausfinden.

Seien Sie bloß nicht zu authentisch

Erfolgreiche Menschen sind selten sie selbst

Nachher ist man immer schlauer. Wer wüsste das besser als die Amerikanerin Cynthia Danaher? Mitte der Neunzigerjahre wurde sie Chefin einer Tochterfirma von Hewlett-Packard. Zuvor hatte Danaher bei dem US-Technologiekonzern eine Abteilung mit 500 Mitarbeitern geleitet. Sie war immer nahbar gewesen, offen und ehrlich, das entsprach ihrem Charakter. Jetzt war sie verantwortlich für 5300 Angestellte. Aber warum etwas an ihrer Art ändern? Was ihr bisher genützt hatte, konnte ihr künftig doch bestimmt nicht schaden.

Plötzlich zehn Mal so viele Menschen unter sich zu haben, war neu für sie, und das wollte sie gar nicht erst verbergen. Also trat sie vor die Belegschaft und hielt eine ehrliche Antrittsrede: »Ich will diesen Job machen, aber das ist alles etwas beängstigend«, sagte sie, »daher brauche ich eure Hilfe.« Was als vertrauensbildende Maßnahme gedacht war, entpuppte sich als rhetorisches Eigentor – denn in Wahrheit säte sie damit bei ihren neuen Angestellten Zweifel an ihrer Kompetenz.

Im Rückblick bereute sie ihre offenen Worte. Und gestand: Wenn sie die Rede noch einmal halten könnte, würde sie ihre Ängste verschweigen und stattdessen darüber sprechen, welche Wachstumsziele sie habe und was ihre Belegschaft dazu beitragen könne. »Angeblich wollen Menschen einen verwundbaren und sensiblen Chef«, sagte Danaher später, »in Wahrheit soll der Vorgesetzte vor allem Dinge geregelt kriegen.« Es sei völlig in Ordnung zu zweifeln, auch als Führungskraft: »Aber deshalb müssen Sie noch lange nicht Ihre Seele vor Ihren Angestellten entblößen.« Nanu. Hat Cynthia Danaher damals etwa nicht alles richtig gemacht, indem sie sich vor ihrer Belegschaft genau so präsentierte, wie sie nun mal tickte?

Angeblich muss jeder nur er selbst sein, und schon wird alles gut. Den Eindruck könnte man derzeit zumindest gewinnen. Denn egal ob in Coachingseminaren oder Keynotes: Das Motto »Sei du selbst« gilt als Patentrezept für beruflichen Erfolg. In einer Zeit, in der die Öffentlichkeit den Führungskräften in Wirtschaft und Politik zutiefst misstraut, sehnen sich die Menschen nach Echtheit. Der Tübinger Medienwissenschaftler Bernhard Pörksen spricht von einem »Kult des Authentischen«. Der Schriftstellerin Juli Zeh kommt es so vor, »als würde das Kommunikationszeitalter mit seinen unzähligen Formen der Vermittlung und Übermittlung, der Kopie und des Zitats einen starken Hunger nach Unmittelbarkeit erzeugen«.

Auch unter Managern gilt persönliche Transparenz als Allheilmittel. Der Niederländer Peter Terium verkündete im Jahr 2012 beim Amtsantritt als RWE-Chef, er wolle führen, »ohne an Authentizität zu verlieren«. Metro-CEO Olaf Koch sagte einmal im Interview: »Wichtig ist, sich selber treu zu bleiben.« Und Jamie Dimon, Vorstandschef der weltgrößten Bank JP Morgan Chase, wurde von Marktforschern zum authentischsten Vorstandsvorsitzenden gewählt – weil er angeblich immer sagt, was er denkt.

»Authentizität ist zum Goldstandard für Führungskräfte geworden«, sagt auch Herminia Ibarra. Die gebürtige Kubanerin, Professorin für Organisationsverhalten an der London Business School, ist eine der renommiertesten Managementforscherinnen weltweit – und gleichzeitig eine der prominentesten Kritikerinnen des Authentizitätskults. In Wahrheit sei die Eigenschaft nicht nützlich, sondern gefährlich. Niemand könne, solle, dürfe immer offen und ehrlich sein, sagt Ibarra: »Es kann durchaus ein Zeichen des Wachstums sein, wenn man sich wie eine Fälschung fühlt.«

Tatsächlich geben ihr zahlreiche Studien recht: Karriere machen nicht die vermeintlich echten Typen, die ihren Emotionen immer freien Lauf lassen und stets ihre Meinung sagen; sondern diejenigen, die ihre Gefühle regulieren und temperieren; die ihr Verhalten an die jeweilige Situation anpassen können. Wer immer nur er selbst ist, schadet sich selbst – und seinen Kollegen. Für den Duden sind authentische Menschen »echt, den Tatsachen entsprechend und daher glaubwürdig«. Das klingt gut, sympathisch, positiv. Warum sollte das der Karriere abträglich sein?

Dazu ein kurzes Gedankenexperiment. Nehmen wir an, Sie führen sich im Büro immer genauso auf, wie Sie sich gerade fühlen. Sie sagen jederzeit, was Sie denken, ohne Rücksicht auf Konventionen und Hierarchien. Dem inkompetenten Mitarbeiter geben Sie ungeschöntes Feedback, der Betriebsrat nervt Sie auch schon länger und dem Geschäftsführer wollten Sie ohnehin die Meinung sagen. Sehr authentisch! Sie sehen schon: So unterhaltsam und befreiend das bisweilen auch sein mag, viele Freunde werden sie sich damit nicht machen.

Zugegeben, diese Szenarien sind unrealistisch, so leichtsinnig und frech ist kaum jemand. Aber es bedarf gar nicht solcher Extremfälle, um den Mythos der Authentizität zu entzaubern. Denn unbestritten ist: In jedem Beruf gibt es Situationen, in denen man sich anpassen muss. Erst recht in einem Umfeld, in dem sich der Wettbewerb so schnell ändert. Wenn die Welt sich wandelt, können Sie natürlich darauf beharren, schon immer so gewesen zu sein, und darauf pochen, auch so bleiben zu wollen. Bloß: Wachstum geht anders. »Wer sich immer streng treu bleibt, landet zwangsläufig irgendwann in einer Schublade«, sagt Ibarra. Anders formuliert: Das flexible Chamäleon macht eher Karriere als der sture Esel. Das lässt sich mittlerweile sogar in Studien nachweisen.

Der US-Sozialpsychologe Mark Snyder entwickelte bereits im Jahr 1974 die Theorie der Selbstüberwachung. Demnach gibt es zwei Arten von Menschen. Jene mit schwacher Selbstüberwachung neigen, flapsig formuliert, häufig zu einer gewissen Rücksichtslosigkeit. Sie sind nicht besonders gut darin, andere Leute dazu zu bringen, sie zu mögen; sie passen ihr Verhalten ungern an verschiedene Personen und Situationen an; und sie würden ihre Meinung nie ändern, nur um jemandem zu gefallen. Menschen mit stark ausgeprägter Selbstüberwachung hingegen kontrollieren ihre Umgebung, achten auf ihre Wirkung und passen ihr Verhalten entsprechend an. Sie haben kein Problem damit, nicht immer die Person zu sein, die sie gerade vorgeben; Zeit mit Menschen zu verbringen, die sie nicht ausstehen können; oder sich für eine Idee einzusetzen, die sie für Unsinn halten. Es ist offensichtlich, welchen Menschen man für authentisch halten würde. Welcher der beiden wohl beruflich erfolgreicher ist?

Diese Frage stellte sich im Jahr 2002 auch David Day vom Claremont McKenna College. Er analysierte für eine Übersichtsstudie 136 Untersuchungen, die sich mit dem Zusammenhang zwischen der Tendenz zur Selbstüberwachung und der beruflichen Entwicklung auseinandergesetzt hatten: Je authentischer die Personen, desto niedriger war ihre Leistung im Job – und desto seltener hatten sie eine Führungsposition inne. Die

Anpasser waren erfolgreicher als die Authentischen. Weil sie zwar charakterlich gefestigt sind, aber trotzdem flexibel bleiben; weil sie bereit sind, zu wachsen und zu lernen. Erfolgreiche Menschen sind selten sie selbst. Vielmehr können sie die unschönen Aspekte ihrer Persönlichkeit kontrollieren und notfalls kaschieren.

Ibarra rät: Wer beruflich und persönlich wachsen will, solle Authentizität nicht als inneren Zustand verstehen, sondern als Fähigkeit zur Anpassung. Ein Stück weit rät die Forscherin auch zu mehr Mut, sich von anderen inspirieren zu lassen, um daraus einen eigenen Stil zu entwickeln. Das sei kein Grund, sich zu schämen. Wilson Mizner würde ihr zustimmen: »Wer einen Autor kopiert, begeht ein Plagiat«, sagte der US-Dramatiker einst, »wer sich bei mehreren bedient, betreibt Forschung.«

7

Belastung lässt uns aufblühen

Stress ist, was du draus machst

Zuerst konnte es Kelly McGonigal kaum glauben. Sollte sie ihren Studenten all die Jahre etwas Falsches beigebracht haben? Hatte sie Schaden angerichtet, wo sie doch nur Gutes tun wollte? Die US-Psychologin, Dozentin an der Stanford University, hat eine Mission: Sie möchte ihren Mitmenschen dabei helfen, gesund und glücklich zu sein. Um sie vor Krankheiten zu bewahren, egal ob vor einer einfachen Erkältung oder einem komplexen Herz-Kreislauf-Problem, hatte sie ihnen erzählt, dass Stress krank mache: »Im Prinzip habe ich ihn zum Feind erklärt«, sagte McGonigal vor einigen Jahren bei einem Auftritt auf der Ideenkonferenz TED, »aber ich habe meine Meinung diesbezüglich geändert.« Und da ist sie bei weitem nicht die Einzige.

Im Jahr 1936 schrieb der österreichisch-kanadische Mediziner Hans Selye an die Redaktion des Wissenschaftsmagazins *Nature*. Darin berichtete er von Versuchen mit Ratten und davon, wie die Tierchen auf Anspannung reagiert hatten. Selye war der Erste, der den Begriff Stress verwendete – und damit prägte er die Debatte für die nächsten Jahrzehnte.

Der Duden versteht unter dem Ausdruck noch heute eine »erhöhte Belastung physischer oder psychischer Art«. Und die würden die meisten gerne vermeiden. Als das Meinungsforschungsinstitut Forsa vor einiger Zeit die Deutschen nach ihren Wünschen für das neue Jahr fragte, erhofften sich 62 Prozent vor allem ein »stressfreieres Leben«. Doch inzwischen mehren sich die Anzeichen, dass Anstrengung und Hektik nicht zwingend schlimm sind; dass Stress kein Problem ist, das man aus der Welt schaffen muss, sondern ein lebensnotwendiger Begleiter, der erst das Letzte aus uns rausholt.

Diese neue Sichtweise verdanken wir auch Abiola Keller. An der University of Wisconsin-Madison wertete die Medizinerin mit einem Team von Wissenschaftlern Daten des Nationalen Zentrums für Gesundheitsstatistik aus. Darin beantworten 29 000 Amerikaner regelmäßig Fragen zu ihrem Leben. Darunter: »Wie viel Stress hatten Sie in den vergangenen zwölf Monaten – eher viel, wenig oder gar keinen? Und inwiefern hat sich der Stress auf Ihre Gesundheit ausgewirkt – sehr, ein bisschen, kaum oder überhaupt nicht?« Nun durchforstete Keller öffentliche Sterbeverzeichnisse. Und tatsächlich: Menschen, die im vergangenen Jahr viel Stress erlebten, hatten ein 43 Prozent höheres Sterberisiko. Aber als Keller genauer hinsah, bemerkte sie: Diesen Zusammenhang gab es nur bei jenen Befragten, die den Eindruck hatten, dass Stress ihrer Gesundheit schadete. Wer nicht an diese Wirkung glaubte, hatte auch kein höheres Sterberisiko.

Doch es kommt sogar noch besser: Diese weitgehend stressresistenten Personen hatten sogar bessere Überlebenschancen als jene, die vergleichsweise wenig Stress hatten. Mit anderen Worten: Entscheidend ist nicht, ein Leben in mönchsgleicher Ruhe zu führen – entscheidend ist, gelassen mit der täglichen Anspannung und Hektik umzugehen. Der Glaube versetzt nicht nur Berge. Er kann anscheinend auch das Leben verlängern.

Stellen Sie sich eine stressige Situation vor. Ihr Chef spricht Sie auf eine wichtige Präsentation an, die schon längst fertig sein müsste. Was dann passiert, kennt jeder: Das Herz klopft, der Atem beschleunigt sich, die Schweißperlen sammeln sich auf der Stirn. Nun haben Sie zwei Möglichkeiten, darauf zu reagieren. Sie können die körperlichen Signale entweder als Indikatoren des Versagens deuten, nach dem Motto: »Das schaff ich nie!«. Oder aber Sie interpretieren sie als Anzeichen, dass es nun erst so richtig los geht und Sie sich voll konzentrieren. Würde Ihnen das nicht mehr Gelassenheit verschaffen? Vermutlich stimmen Sie spontan zu. Aber diese veränderte Perspektive beeinflusst nicht nur ihre emotionale Reaktion, sondern auch ihre körperliche. Untersuchungen von Jeremy Jamieson an der Harvard University zeigen: Probanden, die eine körperliche Stressreaktion als hilfreich ansehen, empfinden nicht nur weniger Angst und mehr Zuversicht. Ihr Blut fließt zudem entspannter durch die Adern, ihr Herz pocht ruhiger. Wenn Sie also das nächste Mal gestresst sind, bleiben Sie ganz ruhig: Das ist nur ihr Körper, der in Alarm versetzt wird.

Dieser Alarm hat gleich zwei weitere Vorteile: Sie handeln klüger und haben mehr Ausdauer. Darauf lässt eine Studie von Keith Wilcox schließen. Der Psychologe an der Columbia University in New York untersuchte die Daten einer Zeitmanagement-App mit knapp 29 000 Nutzern. Die verpassten zwar immer mal wieder eine Abgabefrist. Ein Teil von ihnen arbeitete jedoch umso fleißiger weiter – aber nur dann, wenn sie noch andere Aufgaben erledigen mussten. Das Gefühl der Geschäftigkeit steigerte die Motivation. Und führte letztlich dazu, dass die Menschen schneller arbeiteten als ihre unterbeschäftigten Kollegen.

Und Jeehye Christine Kim hat auch eine Erklärung für dieses Phänomen. »Wer sich für vielbeschäftigt hält, stärkt sein Selbstwertgefühl«, sagt die Assistenzprofessorin für Marketing an der Hongkong University of Science and Technology, »und das erhöht die Selbstbeherrschung.« In ihren Experimenten stellte Kim ihre Probanden vor die Wahl. Mal konnten sie gesunde oder ungesunde Snacks auswählen, zwischen dem Politik- und dem Panoramateil der Zeitung wählen, Sport treiben oder auf dem Sofa fläzen, Geld sparen oder verprassen. Das Ergebnis war immer gleich: Die ausgelasteten Personen trafen disziplinertere Entscheidungen.

Womöglich steigert ein Gefühl der Auslastung die selbst empfundene Wichtigkeit. Denn in einer leistungsorientierten Gesellschaft haben nun mal eher die qualifizierten, höher bezahlten und auf dem Arbeitsmarkt begehrteren Menschen volle Terminkalender. Und wer sich selbst für wertvoll hält, der steckt auch gerne mehr Ressourcen in seine langfristige Entwicklung.

Heißt das nun, dass man sich selbst oder seine Angestellten mit Arbeit zuschütten soll? Natürlich nicht. Auch der stärkste Motor kann nicht immer im roten Bereich fahren. Entscheidend ist die Abwechslung zwischen Vollgas und Leerlauf, zwischen Sprinten und Liegen, zwischen An- und Entspannung. Auch Kelly McGonigal sucht jetzt nicht unbedingt krampfhaft nach stressigeren Erlebnissen. Vielmehr hat ihr die Wissenschaft zu einer neuen Wertschätzung der alltäglichen Belastungen verholfen: »Wenn Sie Ihren Stress derart ansehen, werden Sie nicht nur besser mit ihm umgehen«, sagt sie, »Sie trauen es sich zu, mit den Herausforderungen des Lebens klarzukommen.« Stress ist vor allem eines – Ansichtssache.

8

Bescheidenheit wird bestraft

Stehen Sie offen zu Ihren Stärken – und zu Ihren Schwächen

Wenn Personalern im Jobinterview nichts Besseres einfällt, fragen sie Bewerber nach ihren Schwächen. Und darauf, das wollen uns zumindest manche Karriereratgeber immer noch weismachen, gibt es nur eine Strategie: Verwandeln Sie Schwächen in Stärken! »Ich bin sehr ehrgeizig und daher manchmal zu ungeduldig«, ist demnach eine absolut sichere Variante. Angeblich ebenfalls gut: »Ich wünschte mir, besser abschalten zu können.« Oder auch: »Ich bin einfach zu nett.«

Schon verständlich, irgendwie. Bewerber wollen mit diesen Antworten Eindruck schinden und so tun, als seien sie sich ihrer Schwächen, hinter denen sich in Wahrheit eine Stärke verbirgt, völlig bewusst. Aber mal abgesehen davon, dass diese Aussagen an Einfallslosigkeit kaum zu überbieten sind, bergen diese Standardphrasen noch eine weitere Gefahr: Sie schaden ihrem Benutzer. Denn in Wahrheit kommt kaum etwas so schlecht an wie falsche Bescheidenheit.

Menschen haben vor allem zwei Wünsche: Sie wollen gemocht werden und sie wollen respektiert werden. Beides lässt sich auf unterschiedliche Arten erreichen: Um sympathisch zu erscheinen, können wir zum Beispiel Demut und Bescheidenheit zeigen. Seht her, so das Signal, ich spiele mich nicht in den Vordergrund, sondern überlasse euch das Rampenlicht. Wer könnte da widerstehen?

Respekt und Achtung erarbeiten wir uns anders – etwa indem wir auf vergangene Erfolge und Qualitäten hinweisen. Das Problem ist jedoch: Sympathie und Respekt konterkarieren sich häufig. Einen Angeber achten wir, ans Herz wächst er uns selten. Aus einem Waschlappen wiederum wird selten ein harter Hund. Es ist also schwierig, beide Ziele übereinander zu bringen. Es sei denn, man greift auf einen rhetorischen Trick namens Humblebragging zurück, eine Neuschöpfung aus den englischen

Wörtern »humble« (bescheiden) und »to brag« (angeben). Als deutsches Pendant empfiehlt sich leidprahlen oder bescheidenheitsprotzen.

Und das funktioniert so: Wir kaschieren eine Angeberei, indem wir uns beschweren oder besondere Demut zeigen. Zum Beispiel: »Ich bin es so leid, dass mein Chef mir schon wieder ein wichtiges Projekt anvertraut hat!« »Keine Ahnung, warum mich jeder um mein neues Auto beneidet!« Oder auch: »Da habe ich schon so viel Gewicht verloren, jetzt muss ich auch noch neue Klamotten kaufen.«

Das Kalkül dahinter ist klar: Der Humblebrag soll einerseits Kompetenz demonstrieren, durch die Beschwerde oder Bescheidenheit aber gleichzeitig Sympathie wecken. Verständlich. Und sinnlos – denn diese Technik ignoriert einen wichtigen Faktor zwischenmenschlicher Beziehungen: Ehrlichkeit. Zu diesem Resultat gelangte Ovul Sezer von der University of North Carolina in Chapel Hill im Jahr 2018. In einem Versuch legte sie unabhängigen Beobachtern 740 Mitteilungen von Mitgliedern des Kurznachrichtendienstes Twitter vor. Die Testpersonen sollten die Tweets bewerten: Für wie ehrlich hielten sie sie – und würden sie den Beitrag mit einem Stern markieren, quasi als digitalen Applaus? Und siehe da: Die Tweets, die als besonders unehrlich angesehen wurden, erhielten auch die geringste Zustimmung.

Ähnlich fatal war die Wirkung des Leidprahlens in den weiteren Versuchen. In einem davon sprach ein Komplize von Sezer Menschen auf der Straße an und bat sie darum, eine Petition zu unterschreiben. Bei der einen Hälfte brachte er jedoch noch einen kleinen Humblebrag unter, indem er sich beklagte, zwischen einem lang ersehnten Praktikum und einer gesponserten Reise nach Paris entscheiden zu müssen. Bei der anderen Hälfte prahlte er schlicht mit einem Besuch der französischen Hauptstadt. Das eindeutige Ergebnis: Die echten Angeber erhielten mehr Unterstützung von den Passanten. In einem weiteren Versuch fand Sezer auch einen Grund: Tatsächlich senkte das Leidprahlen sowohl die empfundene Sympathie als auch die Kompetenz – weil die Humblebragger durchweg als unehrlich wahrgenommen wurden.

Was wir daraus lernen können? Angeberei mag kein allzu erstrebenswerter Charakterzug sein. Aber wenn Sie schon protzen, dann wenigstens richtig. Stehen Sie offen zu Ihren Stärken. Das ist immer noch besser, als auf eine versteckte Jammerei zu setzen. Und wenn Sie schon zu Ihren Schwächen stehen, dann bitteschön glaubwürdig. Alles andere könnte sich rächen.

9

Boni töten die Motivation

Mehr Geld spornt nicht mehr an, sondern weniger

Hauptberuflich ist Volkmar Denner Chef von Robert Bosch, nebenberuflich ist er Psychologe. Darauf deuten zumindest die Aussagen hin, die er im September 2015 in der *Frankfurter Allgemeinen Sonntagszeitung* tätigte. Bis dahin hing die Bezahlung seiner Fach- und Führungskräfte wesentlich davon ab, ob sie ihre individuellen Ziele erreichen. Doch in dem Gespräch verkündete Denner »eine Revolution«. Künftig bemesse sich die Prämie am Jahresende nicht mehr danach, wie erfolgreich der Einzelne gewesen sei, sondern das gesamte Unternehmen. Warum? Weil diese Methode die Zusammenarbeit über alle Bereiche hinweg fördere: »Motivieren Sie Menschen nur über monetär bewertete Ziele, erhalten Sie am Ende nicht bessere, sondern sogar schlechtere Leistungen«, sagte Denner. Und weiter: »Geld kann demotivierend wirken.«

Mit dieser Erkenntnis ist er längst nicht mehr allein. Im Jahr 2017 stellte die Personal- und Managementberatung Kienbaum in einer Umfrage unter knapp 300 Unternehmen fest: Immerhin 27 Prozent wollten individuelle Zugaben ganz abschaffen oder zumindest deutlich reduzieren. Neben Bosch haben sich in den vergangenen Jahren unter anderem Infineon, Daimler und SAP von den Einzelboni verabschiedet.

Dabei klingt es doch so simpel und einleuchtend: Man vereinbare mit dem Mitarbeiter ein Ziel, knüpfe eine Belohnung dran – und schon strengt er (oder sie) sich mehr an. Dieses System funktionierte seit Anfang der Achtzigerjahre ziemlich gut. Damals waren US-amerikanische Investmentbanken auf ebenso junge wie fleißige und gierige Mitarbeiter angewiesen, denen vor allem eines wichtig war: so viel Geld wie möglich zu scheffeln. Und weil Banken nun mal vor allem in monetären Dimensionen denken, köderten sie die High Potentials mit üppigen Antrittsgeldern und fetten Prämien. Zwischen 1986 und 2006 stieg der Bonus für einen Wall-

Street-Banker von durchschnittlich 14 000 auf 191 000 US-Dollar im Jahr. Aber mit der Finanzkrise im Jahr 2008 geriet das Wort Bonus in eine veritable Imagekrise. Es wurde vom Rekrutierungs- und Incentivierungsinstrument zum Synonym für Gier, Profitstreben und Egoismus.

Da wusste Edward Deci endgültig, dass er all die Jahre Recht gehabt hatte. Der Psychologe von der University of Rochester, New York, gehört zu den weltweit schärfsten Kritikern der Bonisysteme. Zusammen mit seinem Kollegen und Freund Richard Ryan entwickelte er bereits im Jahr 1985 die Selbstbestimmungstheorie der Motivation. Demnach machen wir etwas gerne, wenn wir dabei Autonomie, Kompetenz oder Zugehörigkeit empfinden. Doch egal ob Belohnungen, Abgabefristen oder Leistungsbewertungen: Sobald ein externer Faktor ins Spiel kommt, fokussieren wir uns unmittelbar auf ihn. Dadurch sinkt laut Deci und Ryan die wahrgenommene Selbstbestimmung – weil wir einer Aktivität dann nicht mehr aus Spaß an der Freude nachgehen, sondern aus Hunger auf die Belohnung.

Zu diesem Ergebnis kam Deci durch Untersuchungen wie jene im Jahr 1999. Damals wertete er 128 Studien aus, die sich mit den Folgen von finanziellen Gaben beschäftigt hatte. Und resümierte: »Materielle Belohnungen zerstören die intrinsische Motivation.« Mehr Geld spornt nicht mehr an, sondern weniger. Belohnungen am Arbeitsplatz, glaubt Deci, lassen die Eigenmotivation im Schnitt um ein Viertel einbrechen. Vor allem dann, wenn wir vorher von den Belohnungen wissen. Ist sogar die genaue Höhe der zu erwartenden Zuwendung schon bekannt, sinkt der innere Antrieb sogar noch mehr.

Hinzu kommt ein erheblicher Suchtfaktor. Hirnforscher können inzwischen recht gut nachempfinden, dass leistungsabhängige Prämien das Belohnungssystem im Gehirn aktivieren. Doch was sich zunächst gut anfühlt, kann langfristig süchtig machen. Und damit das Gift der Gabe weiterhin wirkt, muss die Dosis ständig steigen.

Auch deshalb hat sich Bosch-Chef und Hobbypsychologe Volkmar Denner dazu entschieden, einem weiteren Rat der Motivationspsychologie zu folgen. Bei Bosch gibt es jetzt sogenannte Spotboni, eine Art spontaner Belohnung. Eine einmalige Zahlung hier, ein Hotelgutschein dort. Diese Aufmerksamkeiten sind weder an vereinbarte Ziele geknüpft noch in ihrer Höhe festgeschrieben. Stattdessen können die Führungskräfte sie vergeben, wenn jemand etwas Herausragendes geleistet hat – egal ob als Einzelkämpfer oder als Teamspieler.

10

Charisma wird glorifiziert

Große Visionäre sind oft miserable Chefs

Barack Obama hat es, Elon Musk auch, Nelson Mandela, Steve Jobs und Muhammad Ali besaßen es ebenfalls, Angela Merkel oder Thilo Sarrazin hingegen weniger. Auf Lateinisch bedeutet das Wort Charisma »Geschenk«, und genau das scheint es zu sein: eine beinahe mythische Eigenschaft, die man besitzt oder eben nicht. Für den deutschen Soziologen Max Weber war Charisma von »magischer Herkunft« und mit »religiösen Gewalten verwandt«, der Charismatiker verfügte für ihn über »außeralltägliche«, »übernatürliche«, »übermenschliche« Qualitäten. Wobei schon Weber erkannte, dass es völlig egal ist, ob die Person sie tatsächlich besitzt oder nur simuliert: »Darauf allein, wie sie tatsächlich von den Anhängern bewertet wird, kommt es an.«

Charismatiker können Mitarbeiter zu Leistungen inspirieren, die diese sich niemals zugetraut hätten; Kunden zum Kauf von Produkten animieren, von deren Notwendigkeit sie bislang nichts ahnten; oder Wähler zum Ankreuzen eines Stimmzettels motivieren. Doch ist Charisma in jedem Fall positiv – je charismatischer, desto besser? Ganz und gar nicht: »Ein gewisses Maß Charisma ist wünschenswert und sinnvoll«, sagt zum Beispiel Jasmine Vergauwe, Psychologin an der belgischen Universiteit Gent, »aber zu viel Charisma richtet Schaden an.«

Für ihren Versuch absolvierten 306 Manager einen Persönlichkeitstest, der Eigenschaften abfragte, die Charismatikern gemeinhin zugeschrieben werden: Selbstbewusstsein, Mut zum Risiko, Optimismus und Kreativität. Danach holte die Psychologin Feedback von deren Kollegen ein. Und tatsächlich: Je charismatischer die Führungskräfte, desto zufriedener waren die Angestellten mit ihrem Vorgesetzten – allerdings nur bis zu einem gewissen Punkt. Überschritt das Charisma eine gewisse Grenze, sank die Bewertung. Egal, ob sie von einem Vorgesetzten, Gleichgestellten oder Untergebenen stammte.

Eine mögliche Erklärung entdeckte Vergauwe in einem weiteren Versuch. Erneut absolvierten knapp 300 Manager einen entsprechenden Persönlichkeitstest, erneut stieg ihr Ruf als Chef zunächst parallel zu ihren Charismawerten – und sackte ab, wenn eine gewisse Schwelle erreicht war. Doch diesmal erkundigte sich die Psychologin bei insgesamt mehr als 3 000 Kollegen der Manager auch danach, wie sie deren Verhalten wahrnahmen. Und entdeckte: Die besonders charismatischen Führungskräfte galten als große Strategen, aber schlechte Umsetzer. Die weniger charismatischen Chefs dagegen wurden als tolle Umsetzer, aber miserable Strategen wahrgenommen. Sie konnten prima verwalten, jedoch nicht inspirieren.

Die Studie zeigt: Ohne ein gewisses Maß an Charisma geht es kaum, denn Manager müssen Mitarbeiter mitreißen, Investoren überzeugen, Kunden gewinnen oder Konkurrenten ausbooten. Doch nimmt das Charisma Überhand, mutiert das Selbstbewusstsein zu Hybris, der Ehrgeiz zu Größenwahn, die Inspiration zu Manipulation – und das geht niemals langfristig gut. Vergauwes wichtiger Appell an Unternehmen lautet daher, Führungspositionen sorgfältig zu besetzen: »Bewerber mit mittlerem Charisma sind besser als extrem charismatische Führungskräfte.«

Disziplin wird idealisiert

Manchmal ist aufgeben klüger als weitermachen

Karrieretipps hatte Hermann Hesse sicher nicht im Sinn, als er eine seiner berühmtesten Zeilen schrieb:»Und jedem Anfang wohnt ein Zauber inne«, heißt es im Gedicht »Stufen«. Doch tatsächlich passt dieser Satz bestens zu einer strategischen Klemme, in die sowohl Angestellte als auch Unternehmer oder Freiberufler irgendwann geraten können. Heute vielleicht sogar mehr als je zuvor.

Angeblich leben wir im Zeitalter der Meritokratie. Leistung soll, muss, nein: wird sich lohnen. Erfolg und Wohlstand hängen nicht mehr von der Abstammung ab, sondern von der Aufrichtigkeit; nicht vom Titel, sondern von der Tatkraft; nicht vom Status, sondern von der Strebsamkeit. Misserfolg ist in dieser Weltanschauung niemals Pech oder Zufall, sondern immer die Strafe für Unfähigkeit, Schwäche und Faulheit.

Da verwundert es kaum, dass die Menschen in den Sozialen Netzwerken ständig irgendwelche kitschigen Aphorismen teilen, die das Hohelied der Hartnäckigkeit singen.»Es ist schwer, jemanden zu besiegen, der nicht aufgibt« (Baseball-Legende Babe Ruth).»Es gibt mehr Leute, die kapitulieren, als solche, die scheitern« (Unternehmer Henry Ford).»Es erscheint immer unmöglich, bis es vollbracht ist« (Politiker Nelson Mandela).»Unsere größte Schwäche liegt im Aufgeben« (Erfinder Thomas Edison). Oder auch:»Gewinner geben niemals auf, und Leute, die aufgeben, gewinnen nie« (Football-Trainer Vincent Lombardi).

Ob diese Personen diese Sätze jemals gesagt haben? Egal. Wichtig ist nur, dass sie der Maxime der westlichen Leistungskultur entsprechen. Demnach darf man sich niemals unterkriegen lassen, sondern muss immer weiter machen, das sprichwörtliche Gras fressen, am besten 24 Stunden am Tag, sieben Tage die Woche.

Nun ist gegen Stehvermögen und Ausdauer erstmal nichts einzuwenden. Wer etwas gut können will, muss es üben – und so wie Kinder, die laufen lernen, am Anfang eben ständig hinplumpsen, macht jeder Anfänger Fehler. Weitermachen garantiert zwar keinen Erfolg, Aufgeben verhindert den Erfolg aber garantiert. Und so lange es zumindest eine theoretische Möglichkeit gibt, doch noch ins Ziel zu finden – warum sollte man es sein lassen?

Ich verrate es Ihnen: Nur weil man mit dem Kopf durch die Wand will, gibt der Beton nicht nach. Bei aller Sympathie für Disziplin: Manchmal ist es besser, wenn man aufgibt.

Das wusste schon Hermann Hesse, auch wenn er es in seinem Gedicht »Stufen« womöglich anders meinte: »Es muss das Herz bei jedem Lebensrufe bereit zum Abschied sein«, und sich »ohne Trauern« in »andre, neue Bindungen« begeben. Wer in einer Sackgasse gelandet ist, muss den Rückwärtsgang einlegen – auch wenn es schwerfällt. Flugexperten bezeichnen das Problem als »get-there-itis«, was frei übersetzt so viel heißt wie »Ankommeritis«: Der Pilot will unter allen Umständen das Ziel erreichen, weshalb er sämtliche Gegenargumente ignoriert, Sicherheitsaspekte zum Beispiel oder das schlechte Wetter.

Nun hat das im Berufsleben selten so schwerwiegende Folgen wie bei einem Flug. Doch auch im Büro oder an der Werkbank versetzt der Glaube eben längst nicht immer Berge. Im Gegenteil: Wer sich auf ein in Wahrheit unerreichbares Ziel versteift, riskiert Frustration, Depression und Isolation. Erfolgreiche Menschen wissen, wann man dranbleibt – aber eben auch, wann man aufgibt.

Tatsächlich sind in den vergangenen Jahren eine Reihe von Studien erschienen, die die Vorteile des Aufgebens betonen – einen Prozess, den Psychologen als »goal disengagement« bezeichnen. Eine Untersuchung stammt vom gebürtigen Deutschen Carsten Wrosch, heute Psychologieprofessor an der Concordia University in Montréal. Er befragte vor einigen Jahren knapp 300 Erwachsene, darunter Studenten ebenso wie Angestellte. Wer sich von unrealistischen Zielen gelöst hatte, empfand weniger Stress und mehr Entspannung, schlief besser, war besser gelaunt und fühlte sich seltener überfordert. Und die Motivationspsychologin Veronika Brandstätter von der Universität Zürich hat festgestellt: Sich von einem unrealistischen Ziel zu verabschieden, führt letztlich zu mehr Zufriedenheit – weil es wertvolle Lektionen lehrt und neue Perspektiven eröffnet; weil es Raum und Zeit schafft für die wirklich wichtigen Dinge und die Chance vergrößert, doch noch seine wahre Bestimmung zu finden. Unternehmen machen das genauso. Wenn sie feststellen, dass die Zahlen nicht den Erwartungen entsprechen oder die Nachfrage für das Produkt oder die Dienstleistung geringer ausfällt als erhofft, dann müssen sie sich mitunter von einer alten Idee verabschieden, um eine neue zu finden. »Pivot«, vom englischen Wort für »schwenken«, heißt das auf Neudeutsch.

Natürlich klingt das leichter geschrieben als getan. In Wahrheit fällt es schwer, ein lieb gewonnenes Projekt aufzugeben. Da ist die Angst vor der Scham, wenn wir das Scheitern eingestehen müssen. Da ist das Problem der *sunk-cost fallacy*, die uns dazu verleitet, ein Vorhaben nur deshalb fortzusetzen, weil wir bereits Zeit, Kraft, Energie und Mühen investiert haben. Und da ist unsere Persönlichkeit, die das Projekt bereits als Teil von sich betrachtet. Wer gibt sowas schon gerne freiwillig auf? Doch genau dieses Ende mit Schrecken ist bisweilen langfristig besser als der Schrecken ohne Ende. Woran Sie das erkennen? Daran, dass Sie keine Fortschritte machen, dass Sie Körper und Seele über Gebühr belasten. Und daran, dass die Qual die Freude überwiegt.

Natürlich sollen Sie nicht gleich beim ersten Rückschlag alles hinschmeißen. Bloß keine Kurzschlussreaktion! Fragen Sie sich vielmehr in aller Ruhe, was sinnvoller ist – aufgeben oder weitermachen? Zwingen Sie sich zur Vogelperspektive: Gibt es messbare Indizien dafür, dass Sie vorankommen oder stillstehen? Was sagen gute Freunde, vertrauenswürdige Verwandte und kompetente Kollegen?

Wenn Sie irgendwann doch zum Schluss kommen, dass die Flinte im Korn am besten aufgehoben ist, suchen Sie sich am besten direkt ein neues Ziel. Ein Medizinstudium lässt sich leichter abbrechen, wenn man eine Ausbildung zum Physiotherapeuten anstrebt. Wer die Aufnahme an der Schauspielschule verpasst, kann es bei einer Produktionsfirma probieren, der gescheiterte Konzertpianist findet sein Glück vielleicht als Musikschullehrer.

Aufgeben ist kein Zeichen der Schwäche, sondern der Stärke. Es erfordert Mut, einen Fehler einzugestehen und die Konsequenzen zu ziehen. In der Hoffnung, künftig auf das richtige Ziel zu setzen – und sich an dem Zauber zu erfreuen, den schon Hermann Hesse den Tapferen prophezeite: »Nur wer bereit zu Aufbruch ist und Reise, mag lähmender Gewöhnung sich entraffen.«

12

E-Mails führen zu Missverständnissen

Wer nur digital spricht, redet aneinander vorbei

Es gibt Dinge, die kann man nicht lernen. Die bringt man entweder von Natur aus mit, oder man muss ein Leben lang ohne sie auskommen. Verbale Geschmeidigkeit zum Beispiel.

Es gibt da eine Kollegin, die ich im Stillen immer ein wenig bewundere, denn sie verfügt über eine beneidenswerte Fähigkeit: Sie kann ihren Kollegen, Chefs oder Geschäftskontakten selbst größere Dreistigkeiten so elegant verpacken, dass die hinterher denken: »Mensch, war ja wieder mal nett.« Und zwar sowohl in analogen Gesprächen als auch in E-Mails.

Lange Zeit dachte ich: Das könnte ich nie – und das möchte ich auch gar nicht können. Ehrlichkeit siegt! Mittlerweile glaube ich jedoch: Wer über diese Fähigkeit noch nicht mal ansatzweise verfügt oder nicht zumindest versucht, sie sich anzueignen, der wird im Job früher oder später fürchterlich vor die sprichwörtliche Wand fahren. Ohne es zu wollen. Und ohne es zu ahnen.

Das liegt auch daran, wie Menschen heutzutage kommunizieren. Der Geschäftsführer mit seinem Abteilungsleiter, der Abteilungsleiter mit seinen Mitarbeitern, die Mitarbeiter mit ihren Kollegen – alle sprechen vor allem auf digitalen Kanälen. 21 E-Mails landen bei einem deutschen Berufstätigen im Schnitt jeden Tag im Postfach, zeigt eine repräsentative Umfrage im Auftrag des Digitalverbands Bitkom. Es ist ja auch verlockend. Wer mit seinen Angestellten größtenteils per E-Mail kommuniziert, verzichtet auf langweilige Meetings ebenso wie auf zeitraubende Jours fixes.

Allerdings kommt es dabei häufig zu Pannen. Denn digitale Konversationen führen beinahe automatisch zu Fehlern, Irrtümern und Missverständnissen. Wer nicht von Angesicht zu Angesicht miteinander spricht, der redet fast zwangsläufig aneinander vorbei.

Eine Erklärung lieferte vor einigen Jahren eine Studie von Justin Kruger von der New York University. Darin sollten Studenten zunächst mit Kommilitonen über verschiedene Themen sprechen, die mit unterschiedlichen Gefühlen verbunden waren, darunter Sarkasmus, Trauer und Wut. Im Anschluss sollten sie einen Bericht über das Thema erstellen und die jeweilige Emotion glaubhaft transportieren, und zwar auf drei verschiedene Arten: in einem persönlichen Gespräch, via Stimmübertragung oder per E-Mail. Vorher wollte Kruger wissen, wie zuversichtlich die Probanden in den drei Gruppen waren. Glaubten sie, das jeweilige Gefühl gut rüberbringen zu können? Offensichtlich: Auf allen Kanälen lagen die Zustimmungswerte um die 90 Prozent.

Nun erkundigte sich Kruger bei den Empfängern: Hatten sie die Emotion erkannt? Und siehe da: Am größten war die Diskrepanz zwischen Erwartung und Realität in der E-Mail-Gruppe – und zwar unabhängig davon, ob die Empfänger mit den Sendern befreundet waren oder sie noch nie im Leben gesehen hatten. Anscheinend überschätzten die Verfasser ihre Fähigkeit, die Gefühle per E-Mail glaubhaft zu schildern.

Kruger zufolge liegt das an der menschlichen Egozentrik. Vereinfacht gesagt: Weil wir uns selbst im Mittelpunkt sehen, versetzen wir uns nicht ausreichend in die Rolle eines Anderen. Wir verkennen, dass unsere Sichtweise womöglich nur eine von vielen ist – und diese Schwäche offenbart sich in E-Mails ganz besonders.

Natürlich haben Menschen schon immer auf schriftlichem Wege miteinander kommuniziert, jahrhundertelang vor allem in Briefen. Neu ist jedoch die Leichtigkeit und Schnelligkeit des Austauschs über Smartphones, Tablets und Computer. Außerdem fassen wir uns in E-Mails meist kurz. Gestik und Mimik des Gegenübers können wir uns höchstens denken, nie sehen. Dadurch entsteht Raum für Interpretation und Missverständnisse, ernste Ansagen und feine Ironie lassen sich kaum noch unterscheiden. Wie unterschiedlich die Kommunikationswege wirken, macht sich bei negativen Nachrichten besonders bemerkbar. Die einen sprechen von Angesicht zu Angesicht mit sanfterer, leiserer Stimme, die anderen setzen den Hundeblick auf, wieder andere wollen die Botschaft mit Gesten abfedern. Bei einer E-Mail entfallen all diese Helfer, deshalb ist digitale Kommunikation so heikel.

Umso wichtiger ist es, bei E-Mails achtsam und vorsichtig zu sein. Faustregel: Lob und Kritik immer persönlich überbringen! Wenn es aus guten Gründen gar nicht anders geht, sollten Sie die E-Mail doppelt so warmherzig und halb so kaltblütig formulieren. Denn was der Sender bereits als besondere Milde, als Entgegenkommen und Herzlichkeit empfindet, kommt beim Empfänger gerade noch neutral an. Und wenn sich der Sender eigentlich noch nüchtern und neutral ausdrücken will, sind viele Empfänger schon gekränkt und manche beleidigt.

Wer seinen Gefühlen unbedingt im Posteingang freien Lauf lassen will, für den haben Psychologen einen Trick parat: Schreiben Sie die Nachricht ruhig, lassen Sie die Empfängerzeile aber leer. Wenn Sie mit Ihrem Pamphlet fertig sind, speichern Sie es im Entwurfsordner. Nun schalten Sie den Rechner aus, schlafen eine Nacht drüber und lesen die Mail am kommenden Tag erneut. Vermutlich wollen Sie sie dann gar nicht mehr abschicken oder formulieren sie zumindest konstruktiv und wertschätzend.

Diesen Trick hat mir meine Kollegin verraten – in einem persönlichen Gespräch.

13

Elternzeit schadet der Karriere

Je länger die Auszeit, desto schlechter die Chance auf Beförderung

Kind oder Karriere? Auch heute noch sind es vor allem Frauen, die sich diese Frage stellen. Von den 193 Ländern der Vereinten Nationen garantieren 185 per Gesetz, dass zumindest die Mütter rund um die Geburt ihrer Kinder bezahlten Urlaub bekommen. Die Ausnahmen? Papua-Neuguinea, Surinam, einige südpazifische Inseln – und die Vereinigten Staaten von Amerika. In vielen Ländern ist darüber hinaus eine Form von bezahlter Elternzeit selbstverständlich.

Und das ist auch gut so, einerseits. Mütter und Väter sollen sich um ihr Baby kümmern, ohne dass sie sich um ihren Arbeitsplatz sorgen. Aber andererseits lässt sich nicht bestreiten, dass vor allem Mütter damit weiterhin ein Risiko eingehen. Denn tatsächlich deuten Studien darauf hin, dass sich eine lange Elternzeit negativ auf die weibliche Karriere auswirken kann: Je länger Frauen aussetzen, desto seltener werden sie hinterher befördert, desto seltener erhalten sie mehr Gehalt und desto seltener erreichen sie eine Führungsposition.

Aber warum? Und was lässt sich dagegen tun? Dieser Frage widmete sich im Jahr 2018 Ivona Hideg, außerordentliche Professorin für Organisationsverhalten und Personalmanagement an der Wilfrid Laurier University im kanadischen Waterloo. Sie gewann Hunderte von Probanden, die sich in die Rolle von Personalentscheidern versetzen und zwei verschiedene Bewerberinnen bewerten sollten. Die eine hatte zwölf Monate Elternzeit genommen, die andere nur einen Monat. Ansonsten verfügten sie über dieselben Fähigkeiten und Qualifikationen. Nun sollten die Testpersonen angeben, welche sie am ehesten einstellen würden. Egal ob Männer oder Frauen: Alle favorisierten die Bewerberin, die lediglich vier Wochen Auszeit genommen hatte. Der Grund: Sie unterstellten ihr mehr »agency«, was frei übersetzt so viel bedeutet wie Ehrgeiz oder Einsatz.

»Die Dauer des Mutterschaftsurlaubs ist ein Signal für das berufliche Engagement von Frauen«, sagt Hideg. »Je länger er dauert, desto seltener wird ihnen eine Führungsrolle zugetraut.«

Die Psychologin erklärt sich das Ergebnis mit der Rollenkongruenztheorie. Demnach gibt es einen Widerspruch zwischen dem phänotypischen Image einer Führungskraft und dem traditionellen Bild einer Frau. Sie soll demnach vor allem warm, sozial und sensibel sein – während man vom durchschnittlichen Manager eher Durchsetzungsstärke und Dominanz erwartet.

Doch in einem weiteren Versuch entdeckte die Wissenschaftlerin einen Hinweis darauf, wie sich dieses Vorurteil womöglich beheben lässt. Ein Teil der Probanden erfuhr darin von einem Empfehlungsschreiben, in dem ein ehemaliger Vorgesetzter die Kandidatin als ehrgeizig, willensstark und zielstrebig beschrieben hatte. Ein anderes Mal erhielt eine Gruppe die Information, dass die Bewerberin während ihrer Elternzeit an einem speziellen »Keep-in-touch«-Programm ihres Arbeitgebers teilgenommen hatte. Darin hatte sie Informationen aus der Firma erhalten, von Neuigkeiten erfahren und sich regelmäßig mit Kollegen ausgetauscht. Und siehe da: Nun wollten die Freiwilligen auch die Mütter mit längerer Elternzeit einstellen – weil sie ihnen mehr beruflichen Ehrgeiz, mehr Engagement, mehr agency zubilligten.

Zu einem ähnlich ernüchternden Resultat kam im vergangenen Jahr Lena Hipp. Die Professorin für Sozialstrukturanalyse an der Universität Potsdam verschickte für ihre Studie 700 fiktive Bewerbungen an Arbeitgeber. Die eine Hälfte hatte ein Jahr Elternzeit genommen, die andere nur zwei Monate. Und siehe da: Frauen mit kurzer Elternzeit wurden signifikant seltener zum Vorstellungsgespräch eingeladen als Mütter mit längerer Elternzeit – bei Männern gab es einen solchen Unterschied nicht.

Wie wir diese Studien auffassen sollten? Natürlich nicht als antiquiertes Plädoyer dafür, dass sich Frauen bitteschön ausschließlich um die Kinder kümmern sollten und nicht um die Karriere. Vielmehr deuten sie darauf hin, dass es noch ein weiter Weg ist, bis auch Mütter vollkommen im Management akzeptiert werden. Bis dahin sollen Frauen (ebenso wie Männer!) natürlich auch weiterhin Elternzeit nehmen – sie müssen sich nur darauf einstellen, die kinderbedingte Auszeit vernünftig zu begründen.

14

Empathie wird überschätzt
Zu viele Gefühle schaden der Zusammenarbeit

Manche Worte gelangen sofort ins Bewusstsein, manche brauchen dafür mehr als ein Jahrhundert. Schon im Jahr 1902 formulierte der deutsche Philosoph Theodor Lipps seine Einfühlungstheorie. Der Mensch neige zum »inneren Mitmachen«, schrieb er, dadurch entstehe »die Basis für Mitmenschlichkeit«. Sieben Jahre später übersetzte der britische Psychologe Edward Titchener Lipps' Arbeit und verwendete dabei als Erster das Wort empathy. Dafür bediente er sich beim griechischen Begriff empátheia, was so viel heißt wie »Leidenschaft«. Titchener verstand darunter die Fähigkeit, sich in die Gefühlswelt eines anderen hineinzuversetzen – und die hat sich in den vergangenen Jahren zum Heiligen Gral der Mitarbeiterführung entwickelt. Wer Karriere machen und Menschen führen will, der muss zwingend über diese sagenumwobene Kompetenz verfügen; der muss sich in die Einstellungen, Gefühle und Gedanken anderer Menschen einfühlen können (und wollen). Schon Unternehmerlegende Henry Ford sagte, nach seinem Erfolgsrezept gefragt: »Versetz dich in die Lage deines Gegenübers.«

Nun klingt das zunächst logisch. Vorgesetzte, die die Emotionen der Angestellten erspüren, können darauf reagieren. Dann fühlen sich die Untergebenen wertgeschätzt, strengen sich umso mehr an und geben dem Vorgesetzten bei der nächsten Mitarbeiterbefragung gute Noten. In Krisensituationen können empathische Chefs Sorgen lindern, Ängste nehmen und Mut machen. Und wer sich in Kunden und Konkurrenten hineinversetzt, kann Trends erkennen, Chancen ergreifen und Gefahren erspüren.

Doch es lässt sich andererseits nicht leugnen: Selbst Charaktere ohne Feingefühl und Menschenkenntnis schaffen es nach oben – und halten sich sogar dort. Auch deshalb warnen Organisationspsychologen inzwischen vor zu viel Empathie auf der Chefetage. Wer andere führt, darf kein gefühlskalter Soziopath sein. Aber ein harmoniesüchtiger Gefühlsmensch ist auch kein guter Boss. Wenn man Empathie zu wörtlich nimmt, macht sie uns vielleicht zu guten Menschen, aber nicht zu besseren Angestellten. Und erst recht nicht zu vorbildlichen Führungskräften. Das meint zum Beispiel Andreas König, Professor für Betriebswirtschaftslehre an der Universität Passau. Empathie helfe zwar durchaus in vielen Situationen, insbesondere in Krisen:»Das Problem ist«, sagt König,»dass sie auch Schaden anrichten kann.«

Über die Ursachen schrieb der Forscher jüngst ein knapp 60-seitiges Papier. Darin nennt er als abschreckendes Beispiel unter anderem Robert Benmosche. Der langjährige Chef des US-Versicherers AIG genehmigte in der Hochphase der Finanzkrise 450 Millionen Dollar an Boni – ausgerechnet an die Manager in jener Abteilung, die für die Verluste verantwortlich war. Als er hinterher nach seinen Motiven gefragt wurde, nannte Benmosche sein Mitgefühl mit den Betroffenen. Auffällig, so König, sei hier nicht nur die Empathie, die die Führungskraft empfindet; sondern die Tatsache, dass sich diese Empathie auf eine Gruppe erstreckt, die der Person sozial nahe steht.

Mitgefühl und Verständnis mögen grundsätzlich lobenswert, sympathisch und wünschenswert sein. Im Berufsleben sind sie nur bis zu einem gewissen Grad hilfreich. Hat ein Chef zum Beispiel zu viel Verständnis für die schwierige familiäre Situation eines Angestellten, mutet er den anderen womöglich zu viel Arbeit zu. Lässt er die Nöte seiner Mitarbeiter zu nah an sich heran, leidet er selbst mit. Will er es allen recht machen, wird er keinem gerecht. Bewerben sich zwei fleißige Kollegen für das einzige Sonderprojekt, steckt der empathische Chef in einem Dilemma. Wem soll er den Vorzug geben?

Außerdem erinnert König daran, dass Empathie ein schlechter Ratgeber sei: Sie helfe zwar dabei, an relevante Informationen zu kommen, verzerre aber deren Verarbeitung – und insbesondere in wirtschaftlich schwierigen oder besonders hektischen Situationen fehle empathischen Menschen der kühle Kopf, um Informationen nüchtern auszuwerten.

Sicher, ein gefühlskalter Vorgesetzter wirkt verstörend und erreicht seine Mitarbeiter nicht – doch mit einem Übermaß an emotionaler Zugewandtheit geht es eben auch nicht. Entscheidend ist wie so oft die richtige Dosis. Manager müssen den gesunden Mittelweg finden zwischen

Fühlen und Führen. Dass Empathie lange überschätzt wurde, soll kein Freibrief für Führungskräfte sein, zum Diktator zu mutieren; Respekt und Wertschätzung sollten weiter die Basis des Miteinanders sein. Aber im Büro geht es nun mal in erster Linie nicht um Freundschaft, sondern um Zusammenarbeit; nicht um gute Stimmung, sondern um gute Zahlen. Der Chef wird nicht dafür bezahlt, geliebt zu werden.

15

Fremde Entscheidungen treffen wir sorgfältiger
Die Macht des Perspektivwechsels

Folgendes: Ein Baseballschläger und ein Ball kosten zusammen 1,10 Euro. Der Schläger kostet 1 Euro mehr als der Ball. Wie teuer ist der Ball? Lassen Sie mich raten, Ihre spontane Antwort lautete: »10 Cent!« Erwischt! Die richtige Antwort ist: 5 Cent. Gehen Sie die Zahlen noch mal durch. Dann werden Sie erkennen, dass der Unterschied zwischen 1 Euro und 10 Cent nur 90 Cent ist.

Die Frage stammt aus dem »Cognitive Reflection Test« von Shane Frederick. Der amerikanische Ökonom hat sie in den vergangenen Jahren Hunderten Freiwilligen vorgelegt, kaum jemand beantwortete sie sofort korrekt. Es sei denn, Frederick änderte den Versuchsaufbau und forderte die Probanden zu einem Gedankenexperiment auf: Wenn sie sich vorstellen sollten, einer anderen Person bei der Lösung zu helfen und zuzuraten, hatten sie eine höhere Trefferquote.

Dieser Trick funktioniert längst nicht nur bei Denksportaufgaben. Immer wenn Menschen nicht für sich selbst entscheiden, sondern für eine andere Person, dann treffen sie weisere Beschlüsse. Aber wieso? In einer Studie im Jahr 2018 fand Evan Polman von der Wisconsin School of Business eine Antwort: »Wenn wir für andere entscheiden, suchen wir vorab nach mehr Informationen«, sagt Polman, »und lassen mehr Widerspruch zu.«

Der Psychologe konzipierte insgesamt sieben Experimente. Jedes Mal teilte er die Probanden in zwei Gruppen: Die einen entschieden für sich selbst, die anderen für eine andere Person. Mal sollten sie ein Restaurant auswählen, mal ein Seminar an der Uni rauspicken oder Dating-Profile durchforsten. Und siehe da: Wer für eine andere Person entschied, suchte wesentlich intensiver nach möglichen Alternativen. Fast so, als wolle er sicherstellen, keine Option auszulassen. Wer hingegen für sich selbst entschied, beschäftigte sich vorab möglichst sorgfältig damit, Informationen über die einzelnen Möglichkeiten einzuholen.

Polman erklärt sich das Ergebnis mit einem Perspektivwechsel. Wenn wir für uns selbst entscheiden, sind wir tendenziell eher vorsichtig und pessimistisch. Wir wollen vor allem das Schlimmste vermeiden. Psychologen bezeichnen das als »prevention-focused«. In diesem Zustand denken wir möglichst intensiv über die zur Verfügung stehenden Alternativen nach und entscheiden uns im Zweifel für die, die am sichersten ein Scheitern zu verhindern verspricht. Wenn wir hingegen für andere entscheiden, sind wir promotion-focused. Wir wollen uns nicht blamieren und möchten das Optimum rausholen. Dann ist es sinnvoller, nach möglichst vielen Optionen zu suchen.

Nun klingt das noch relativ harmlos. Doch es gibt zahlreiche Bereiche, in denen die handelnden Personen mit ihren Entschlüssen das Leben anderer Menschen prägen: Der CEO entscheidet für den Mitarbeiter, der Finanzberater für den Anleger, der Anwalt für den Mandanten. Und die Studie erklärt zumindest, warum sich Menschen auch nach mehreren Entscheidungen für andere noch unnachgiebig zeigen: Es macht schlicht mehr Spaß – und wenn es schiefgeht, ist man selbst fein raus.

Was wir daraus für den Berufsalltag lernen können? Nach Aussage von Evan Polman vor allem drei Dinge. Erstens könne jeder einen Mentor oder einen ehrlichen Freund brauchen, der dabei helfe, den Durchblick zu bewahren. Zweitens sei es durchaus hilfreich, die Perspektive der sprichwörtlichen Fliege an der Wand einzunehmen und als sein eigener Berater zu fungieren. Was würde eine andere Person tun? Und drittens bleibe immer noch die Möglichkeit, die Entscheidung anderen Personen zu überlassen. Dann hat man immerhin schon mal einen Sündenbock, den man im Zweifelsfall verantwortlich machen kann.

16

Erfolg braucht eine Glückssträhne

Ein Triumph kommt selten allein

Das Jahr 1905 meinte es gut mit Albert Einstein. Innerhalb weniger Monate stellte der damalige Sachbearbeiter des Berner Patentamts nicht nur seine Dissertation fertig, sondern reichte auch noch vier verschiedene Arbeiten bei den *Annalen der Physik* ein – und alle erwiesen sich im Nachhinein als bahnbrechend, darunter die Relativitätstheorie mit der berühmten Formel $E = mc^2$. Kein Zweifel, damals hatte Einstein einen »hot streak«. Diese Phasen außergewöhnlicher Erfolge beschäftigen Wissenschaftler schon seit Jahren – und inzwischen ist klar: Ein Triumph lässt sich zwar weder exakt planen noch genau vorhersagen. Aber wenn er einmal da ist, folgt mit hoher Wahrscheinlichkeit bald der nächste.

So lautet jedenfalls das Ergebnis einer Studie von Lu Liu aus dem Jahr 2018. Die Komplexitätsforscherin der Northwestern University im US-Bundesstaat Illinois durchforstete dafür drei unterschiedliche Quellen. Erstens rekonstruierte sie aus Online-Datenbanken, welche Preise 3 480 Künstler – Maler oder Bildhauer etwa – bei Auktionen erzielt hatten. Zweitens analysierte sie die Nutzerbewertungen von 6 233 Regisseuren auf der Filmwebsite imdb.com. Und drittens evaluierte Liu, wie oft die Arbeiten von 20 000 Wissenschaftlern zehn Jahre nach der Veröffentlichung in anderen Untersuchungen erwähnt wurden.

Nun zählte sie die Ausreißer nach oben. Und stellte fest: Die ganz großen Triumphe kamen selten allein, sondern tauchten häufig kurz hintereinander auf – egal ob es um Auktionspreise, Zuschauerbewertungen oder Zitierungen ging. 91 Prozent der Künstler, 82 Prozent der Regisseure und 90 Prozent der Wissenschaftler hatten während ihrer Karriere mindestens einen solchen Lauf, der allerdings selten ein zweites Mal auftauchte. Bei den Künstlern dauerte die Hochphase immerhin 5,7 Jahre;

Regisseure kamen auf 5,2 Jahre – und Wissenschaftler auf 3,7 Jahre. Wie diese Glückssträhne zustande kam, kann Liu leider auch nicht sagen. Immerhin weiß sie, dass es nicht alleine am Fleiß liegen kann. Denn Liu entdeckte: In der Hochphase ihres Schaffens brachten die Kreativen keineswegs mehr Kunstwerke, Filme oder Studien heraus.

Was wir Normalsterblichen davon lernen können? In gewisser Weise können wir uns von der Vorstellung verabschieden, dass große Erfolge nur im jungen Alter passieren. Vielmehr kann der Durchbruch jederzeit gelingen – solange wir weiter daran arbeiten. Eine Garantie gibt uns das natürlich nie. Wer kämpft, wird nicht immer gewinnen. Aber wer es gar nicht erst versucht, hat schon verloren.

17

Erfolg macht einsam
Überflieger sind bei der trägen Masse unbeliebt

Kalendersprüche sind bisweilen kitschig und banal, aber häufig auch wahr. »Der vorstehende Nagel wird eingehämmert«, lautet ein japanisches Sprichwort. »Hohe Bäume fangen viel Wind«, sagen die Niederländer. Und vom deutschen Showmaster Robert Lembke ist folgende Weisheit überliefert: »Mitleid bekommt man geschenkt, Neid muss man sich verdienen.«

Alle drei Sprüche beschreiben eine ähnliche Tatsache: Wer im Büro oder am Fließband Herausragendes leistet, der fördert damit selten seine Beliebtheit. Im Gegenteil: Erfolg macht einsam. Und nein, damit ist nicht gemeint, dass Topmanager wegen ihrer vollen Terminpläne wenig Zeit für soziale Aktivitäten haben, für Freunde, Verwandte oder Hobbys. Sondern die Tatsache, dass Ehrgeiz und Fleiß, Zielstrebigkeit und Talent immer einen Preis haben: Es ist so gut wie unmöglich, bei den Chefs ebenso beliebt zu sein wie bei den Kollegen. Spitzenleistung geht meistens auf Kosten der Popularität.

Kinder lernen diese bittere Wahrheit schon früh. Der Junge oder das Mädchen mit den besten Noten ist im Beliebtheitsranking der Klasse selten weit vorne. Im Berufsleben setzt sich diese Regel fort. Wer mehr leistet als die anderen, erntet von seinen Kollegen mindestens Argwohn und Neid, bisweilen sogar offene Feindseligkeit.

In den Vierzigerjahren nannte man diese bemitleidenswerten Zeitgenossen »Rate Buster«. Damals gab es unter US-amerikanischen Fabrikarbeitern eine mehr oder weniger geheime Abmachung: Die einzelnen Gruppen sollten niemals über ein bestimmtes Pensum hinaus schuften – aus Angst, dass sich die Mehrarbeit finanziell nicht lohnen würde. Doch in jeder Gruppe gab es eine Minderheit, die sich darauf nicht einlassen wollte und trotzdem bis ans Maximum ging. Diese »Rate Buster« zogen regelmäßig den Groll ihrer Kollegen auf sich. Sie wurden angefeindet, ausgelacht und ausgeschlossen, bisweilen sogar körperlich attackiert.

Zwar wird heute kaum noch jemand nach Akkordarbeit bezahlt. Doch emsige Überflieger machen sich bei der trägen Masse weiterhin unbeliebt. Weil sie den Führungskräften zeigen, wozu Menschen wirklich fähig sind; weil sie von ihnen gelobt werden und die wichtigen Kundentermine bekommen; und weil schon ihre Anwesenheit reicht, um die anderen Kollegen mit deren Unterlegenheit zu konfrontieren. Überflieger zahlen eine Art soziale Strafe – in der heutigen Arbeitswelt erst recht.

Darauf deutet auch eine Studie von Elizabeth Campbell hin. Die Assistenzprofessorin an der Carson School of Management (University of Minnesota) konzipierte dafür zwei verschiedene Experimente – eines im echten Leben, eines im Labor. Für den ersten Teil sammelte sie mit ihrem Team die Daten von 350 Angestellten in 105 taiwanesischen Friseursalons. Warum ausgerechnet dort? Weil einerseits eine von Campbells Co-Autorinnen an der National Taiwan University tätig ist. Und andererseits, weil die Wissenschaftlerin diese Orte für ein geeignetes Forschungsobjekt hält: Die Friseure müssen sich untereinander absprechen und in einem offenen Raum zusammenarbeiten, ihre Leistung und das Feedback der Kunden ist also für alle sichtbar.

Campbells Mitarbeiter sammelten nun zwei Monate lang verschiedene Daten – Arbeitsbewertungen der Führungskräfte ebenso wie Angaben der Angestellten zum Klima am Arbeitsplatz. Und bemerkten: Die Belegschaft eines Salons neigte eher dazu, die Leistungsträger herabzuwürdigen und schlecht zu behandeln als die Minderleister. Dies galt umso mehr in jenen Niederlassungen, deren Friseure die Arbeitsatmosphäre insgesamt als sehr kollaborativ wahrnahmen.

Dasselbe Verhalten bemerkte Campbell, als sie etwa 200 US-Studenten in verschiedene Arbeitsgruppen unterteilte. Die einen Probanden gingen davon aus, in einer sehr kompetitiven Gruppe gelandet zu sein. Bei der anderen Hälfte hingegen stand der Zusammenhalt der Truppe im Vordergrund. Und siehe da: Just in dieser vermeintlich kollegialen Atmosphäre wurden die Leistungsträger am meisten gemobbt. »In einem sehr kooperativen Umfeld reagieren die Kollegen womöglich umso allergischer auf Überflieger«, sagt Campbell, »weil sie die Solidarität, Gemeinsamkeit und Zusammenarbeit der Gruppe schützen wollen.«

Genau das verleiht der Studie ihre aktuelle Relevanz. Denn einerseits will heutzutage jedes Unternehmen die Kooperation fördern, die sprichwörtlichen Silos abbauen und von Monarchie auf Demokratie schalten. Andererseits sind alle Arbeitgeber scharf auf die besten Talente, die schon per Definition vom Durchschnitt abweichen. Und Campbells Papier legt nahe: Diese fleißigen Bienen haben es heutzutage schwerer denn je. Das Dogma der Kooperation führt dazu, dass sie erst recht als Störenfriede angesehen werden, die der Gemeinschaft schaden. Wer sich durch besondere Leistungen von den anderen abgrenzt, verstößt gegen das Gebot der Solidarität, bedroht die Gruppe – und wird verstoßen.

Umso wichtiger sind die Lektionen von Campbells Studie, sowohl für die Überflieger selbst als auch für deren Chefs. Leistungsträger sollten sich darüber im Klaren sein, dass sie sich zwangsläufig unbeliebt machen werden – und erst recht darauf achten, soziale Bindungen zu Kollegen aufzubauen. Denn der einsame Wolf ist immer schwächer als sein Artgenosse im Rudel. Vorgesetzte wiederum müssen ihre besten Mitarbeiter umso sorgsamer pflegen. Nicht nur, weil sie sonst von der Konkurrenz abgeworben werden. Sondern weil sie ständig Gefahr laufen, sich von der Ablehnung isolieren, frustrieren und demotivieren zu lassen.

18

Ständige Erreichbarkeit senkt das Engagement

Das Smartphone sollte abends pausieren

Dürfte ich Sie kurz in mein Schlafzimmer entführen? Es dauert auch nicht lang (und wird überhaupt nicht peinlich, versprochen). Vor ein paar Jahren haben wir beschlossen, den Fernseher aus dem Schlafzimmer zu verbannen. Für eine gewisse Lebensphase stand er dort richtig. Was gibt es Schöneres, als faule, verkaterte Sonntage vor der Glotze zu verbringen? Aber wenn man Kinder hat, entfällt diese Art der Freizeitgestaltung ohnehin. Und außerdem fördert so ein Gerät am Bett weder die Gesprächigkeit noch die Intimität. Also raus damit, und alles wird gut. Dachten wir jedenfalls. Wir hatten die Anziehungskraft der Smartphones unterschätzt.

Sie kennen das sicher: Spät am Abend ist man erschöpft vom Tag und für tiefgründige Gespräche ohnehin zu müde (den Rest klammern wir hier jetzt mal aus). Umso verlockender ist der Griff zum iPhone. Nicht nur, weil dort beinahe täglich die digitalen Ausgaben der Lieblingsmedien locken: Montagsabends der *New Yorker*, mittwochs *Die Zeit*, donnerstags der *Economist*, freitags *Der Spiegel*, samstags die *Frankfurter Allgemeine Sonntagszeitung*. Bei Twitter ist ohnehin immer was los, Instagram hat man ja auch schon ewig nicht gecheckt, und irgendwo hatte man ohnehin noch einen lesenswerten langen Text abgespeichert.

Und ping … trudelt eine neue E-Mail des Vorgesetzten ein. Da sollte man wohl besser gleich reagieren. So eingeübt dieses Verhalten, so zuverlässig stellt der Körper im Anschluss die Quittung aus – indem er das Herunterfahren in den Standby-Modus verweigert. Mit dem Ergebnis, dass man sich unruhig hin und her wälzt, zu spät einschläft und am nächsten Morgen müde aufwacht. Und da bin ich nicht allein.

Im Jahr 2018 gaben dem Branchenverband Bitkom gegenüber in einer Umfrage 71 Prozent der Angestellten an, im Weihnachtsurlaub beruflich erreichbar zu sein. 70 Prozent schauten aufs Telefon, 66 Prozent lasen ihre SMS, 59 Prozent riefen ihre E-Mails ab. Derweil fühlen sich vier von fünf Arbeitnehmern morgens unausgeschlafen, resümiert die Versicherung DAK in ihrem Gesundheitsreport. Was die Smartphone-Nutzung auf der einen und die miese Verfassung auf der anderen Seite miteinander zu tun haben? Eine ganze Menge.

Tatsächlich können Handys das Leben wesentlich verbessern. Man kann von überall in das berufliche E-Mail-Postfach schauen oder sich ins Intranet einwählen; von jedem Ort auf der Welt mit Kunden, Kollegen und Vorgesetzten kommunizieren. Aber Luxus hat eben immer seinen Preis: Die Always-on-Mentalität kann zur digitalen Erschöpfung führen.

So lautet jedenfalls das Ergebnis einer Studie von Klodiana Lanaj, außerordentliche BWL-Professorin am Warrington College of Business der University of Florida. Sie befragte mehr als 200 Männer und Frauen. Mit und ohne Personalverantwortung, im Alter zwischen 31 und 50. Ingenieurinnen, Controller, Personalchefs. Alle erklärten sich dazu bereit, zehn Tage hintereinander einen Fragebogen ausfüllen. Morgens hielten sie dort fest, wie gut und wie lange sie in der vorigen Nacht geschlafen hatten, ob sie sich fit oder erschöpft fühlten, und ob sie kurz vor dem Einschlafen noch ihr Smartphone benutzt hatten. Nachmittags um 16 Uhr trugen sie ein, wie motiviert und engagiert sie im Job gerade waren. Und siehe da: Wer sein Smartphone noch vor dem Einschlummern nutzte, konnte nicht nur schlechter schlafen. Er fühlte sich am nächsten Morgen auch wesentlich erschöpfter – und war am folgenden Tag im Büro lustloser und weniger engagiert.

Wer den Akku abends nicht auflädt, kann morgens nicht strahlen. Vor allem aus zwei Gründen. Erstens sind die Smartphones psychologisches Gift, weil wir uns dann doch über anstehende Aufgaben aufregen oder zweifeln, wie wir unsere volle Aufgabenliste jemals leeren sollen. Zweitens gibt es für den schädlichen Effekt inzwischen sogar eine biochemische Erklärung: Das grellblaue Licht der Smartphones bremst die Produktion von Melatonin – und dieser Botenstoff steuert unseren Schlaf. Lanajs Studie zeigt: Die negative Wirkung ging zwar von Smartphones aus, nicht jedoch von anderen elektronischen Geräten. Der Verdacht liegt also nahe, dass Fernsehen oder Laptop durchaus die Entspannung fördern können – vermutlich auch deshalb, weil sie wesentlich weniger mit der Arbeit zu tun haben.

Umso wichtiger ist es, dass Vorgesetzte ihre Angestellten abends in Ruhe lassen. Nur so schaffen sie ein Klima, in dem die Handynutzung am Feierabend nicht honoriert, sondern sanktioniert wird. Richtig eingesetzt, können Smartphones den Angestellten das Leben erleichtern. Falsch benutzt, fördern sie den Stress.

Ich habe mir jetzt vorgenommen, im Bett höchstens Bücher oder Magazine in Papierform zu lesen. Weil das Smartphone gleichzeitig als mein Wecker dient, liegt es trotzdem neben mir – aber im Flugmodus.

19

Der Erste wird nicht immer belohnt

Nachzügler haben wertvolle Vorzüge

Wer die Drecksarbeit leistet, landet selten im Rampenlicht. Kaum jemand weiß das so gut wie Jocelyn Bell Burnell. Mitte der Sechzigerjahre schrieb die Britin ihre Doktorarbeit in Astronomie an der University of Cambridge. Kurz vor ihrer Ankunft hatte die berühmte Hochschule damit begonnen, ein neues Radioteleskop zu bauen, mit dem die Forscher das Weltall erkundigen wollten – und parallel zu ihrer Dissertation kümmerte sich Burnell um dessen Fertigstellung.

Man darf sich das relativ mühsam vorstellen. Nicht nur, weil zwischen alle Holzmasten Drähte gespannt werden mussten. Vor allem umfasste das Teleskop eine Fläche von 16 000 Quadratmetern, was in etwa der Größe von eineinhalb Fußballfeldern entspricht. Aber diese mühsame Arbeit machte Burnell nichts aus. Zum einen, weil sie aus einer Familie passionierter Segler kam, mit körperlicher Arbeit kannte sie sich also aus. Zum anderen, weil sie schon damals ahnte, dass sie es als Frau in der männerdominierten Szene der Astronomen schwer haben würde. Wie schwer genau, sollte sie bald feststellen.

Im Juli 1967 war das Teleskop einsatzbereit, wieder war sich Burnell für die Fleißarbeit nicht zu schade. Also wertete sie jede Woche die Aufzeichnungen des Teleskops aus – mehr als 200 Meter Papier. Und da fiel Burnell etwas auf: Alle paar Sekunden tauchte dort ein schwaches Signal auf, das aber sofort wieder verschwand. Sie konsultierte ihren Doktorvater Antony Hewish, der wiederum sprach mit seinem Kollegen Martin Ryle. Wenig später wurde den beiden erfahrenen Physikern bewusst, dass die junge Doktorandin Pulsare entdeckt hatte. Dahinter verbergen sich die Überreste ausgebrannter Sterne. Weil sie sich schnell drehen, senden sie bei jeder Rotation ein Signal an die Erde – so ähnlich wie ein Leuchtturm einen Lichtkegel über das Meer schickt.

Diese Entdeckung war damals eine Sensation, denn ihre Existenz hatten Astronomen schon lange vermutet. Burnell konnte sie als Erste beweisen – und das blieb auch der Königlich Schwedischen Akademie der Wissenschaften in Stockholm nicht verborgen. Im Jahr 1964 verlieh sie den Physik-Nobelpreis für bahnbrechende Arbeiten in der Radioastronomie und die Entdeckung der Pulsare – und zwar an Martin Ryle und Antony Hewish. Burnell ignorierte das Komitee.

Man liest sie immer mit einer Mischung aus Wut, Fassungslosigkeit und Mitleid, diese Geschichten von Menschen, deren Idee zu früh kam. Auch deshalb, weil sie einer vermeintlichen Gewissheit widersprechen. Wer zuerst kommt, mahlt angeblich immer zuerst. Dieser bekannte Kalenderspruch stammt aus dem Mittelalter. Der Bauer, der sich damals als Erstes mit seinem Getreide bei einer Mühle anstellte, bekam sein Korn auch zuerst. Diese Redewendung wurde mittlerweile sogar in ein vermeintliches ökonomisches Gesetz gegossen. Die beiden Stanford-Professoren David Montgomery und Marvin Lieberman argumentierten in einer Studie im Jahr 1988, dass Pioniere einen »first-mover advantage« hätten.

Aber wieso gibt es dann so viele Beispiele von Erfindern und Unternehmen, die für ihre Pionierarbeit eben nicht belohnt werden? Facebook war nicht das erste soziale Netzwerk der Welt, Google nicht die erste Suchmaschine, eBay nicht das erste Auktionshaus. Die Älteren werden sich erinnern: Es gab mal eine Zeit, da suchten die Deutschen Schulfreunde bei StudiVZ, Informationen bei Altavista und Gebrauchtwaren bei Alando.

Weshalb erobern also meist nicht die Vorreiter und Erfinder neue Märkte, sondern die Nachahmer? Stellte nicht schon der berühmte Ökonom Joseph Schumpeter fest, dass Pionierunternehmer für ihre Innovationen mit Monopolstatus und großen Gewinnen belohnt werden? Ist der viel gerühmte First-Mover-Advantage in Wahrheit ein Mythos?

Und ob, schlussfolgerten Peter Golder und Gerard Tellis von der University of Southern California schon im Jahr 1993. Sie werteten Hunderte Bücher und Artikel in Fachzeitschriften und Magazinen aus, darunter *Advertising Age*, *Business Week* oder *Forbes*. Die beiden Forscher wollten herausfinden, wie sich die Pioniere in insgesamt 50 Kategorien geschlagen hatten. Darunter: Windeln, Milch, Kaugummi, Reifen oder Fotokopierer.

Und siehe da: Nur 11 Prozent aller beobachteten Märkte wurden noch vom Pionier dominiert. Im Schnitt konnte der Erste seine Position gerade mal fünf Jahre lang halten, danach wurde er von einem Nachahmer abgelöst. 47 Prozent der Erfinder waren sogar schon komplett vom Markt verschwunden. Wesentlich erfolgreicher waren Nachahmer, die im Schnitt erst 13 Jahre nach den Pionieren den Markt erobert hatten. Anscheinend ist der zweite Platz wesentlich besser als sein Ruf.

Sicher, der Pionier kann eine Art Standard setzen, den die Nachfolger erstmal übertreffen müssen. Er kann sich schon Fans und Kunden sichern, bevor es einen Konkurrenten gibt, was den späteren Wechsel zeitaufwendig, mühsam und teuer macht. Dennoch hat der Nachzügler unschätzbare Vorteile. Er kann aus Fehlern des Wegbereiters lernen. Er muss das vorhandene Produkt nur marginal ändern, kann es kleiner oder größer, schneller oder langsamer, günstiger oder teurer machen. Viel entscheidender ist jedoch: Häufig machen die Pioniere selber die entscheidenden Fehler. Die einen bringen Produkte mit Kinderkrankheiten auf den Markt, getrieben vom Wunsch, unbedingt der Erste sein zu wollen. Die anderen bieten ihr Pionierprodukt vergleichsweise teuer an, weil sie die Entwicklungskosten wieder reinholen wollen. Wieder andere richten sich an eine falsche Zielgruppe. Und durch diese Irrtümer haben es die Nachfolger umso leichter.

Außerdem macht Erfolg schnell zufrieden und veränderungsresistent. Aus Angst, alte Märkte zu opfern, scheuen die Pioniere davor zurück, neue zu erobern oder bestehende Produkte zu verbessern. Doch wer sich nicht selbst angreift, wird früher oder später von Konkurrenten angegriffen. Das wiederum wusste auch Joseph Schumpeter – er nannte es das Prinzip der kreativen Zerstörung.

Zumindest die Geschichte von Jocelyn Bell Burnell hat eine Art Happy End. Im Jahr 2018 wurde sie für ihre Entdeckung der Pulsare mit dem renommierten *Breakthrough Prize* ausgezeichnet, inklusive des Preisgelds von drei Millionen Dollar. Burnell nahm die Auszeichnung gerne an, lehnte das Geld aber ab: »Ich will und brauche es nicht«, sagte sie der *BBC*. Stattdessen wolle sie mit der Summe Frauen und Flüchtlingen Stipendien an Physikinstituten ermöglichen: »Minderheiten schauen aus einem neuen Blickwinkel auf Dinge«, sagte sie, »und das ist oft sehr produktiv.«

20

Experten werden überbewertet

Generalisten sind erfolgreicher als Spezialisten

Anfang der Neunzigerjahre hatte IBM ein Problem. Der amerikanische Traditionskonzern, entstanden 1911, machte erstmals Verluste, die Umsätze sanken ebenso wie der Aktienkurs. Es kam, wie es immer kommt in solchen Situationen: Zuerst mussten einfache Angestellte gehen, dann der Chef. Doch anstatt der Tradition zu folgen und erneut einen internen Kandidaten zum CEO zu küren, machte das Kontrollgremium dieses Mal alles anders – und betraute einen ehemaligen Unternehmensberater, Kreditkartenexperten und Keksverkäufer mit der Aufgabe, den damals weltgrößten Computerkonzern wieder auf Kurs zu bringen: Louis Gerstner, einst Berater bei McKinsey, Topmanager bei American Express und zuletzt Chef des Nahrungsmittelkonzerns RJR Nabisco.

Ein Risiko? Könnte man meinen, immerhin hatte Gerstner keine Expertise im Technologiesektor. Tatsächlich jedoch erkannte der Branchenneuling, dass das Betreuen von Hardware lukrativer ist als deren Produktion und Verkauf. Also leitete er den Kurswechsel ein und verwandelte das Unternehmen vom Hard- und Softwareanbieter zum Dienstleister in Technologieberatung und Systemintegration.

Ist Gerstner, der Generalist, nur eine große Ausnahme? Diesen Eindruck konnte man in den vergangenen Jahren durchaus gewinnen. In Zeiten des Fachkräftemangels betonen Arbeitsmarktexperten in schöner Regelmäßigkeit, wie wichtig die Fokussierung, Individualisierung und Spezialisierung ist. Das Erfolgsrezept der Unternehmen – Sei ein König in der Nische! – soll angeblich ebenfalls für Arbeitnehmer gelten, egal ob Freiberufler oder Angestellter.

Dazu passt auch eine Umfrage von Kienbaum. Die Beratung wollte im Jahr 2015 von deutschen Personalverantwortlichen wissen, für welche Art von Stellen sie besonderen Rekrutierungsbedarf hatten. Auf Platz drei landeten mit 42 Prozent der Stimmen Führungskräfte. 60 Prozent wollten vor allem Hochschulabsolventen einstellen (Platz 2). Und auf Platz 1? Fachkräfte und Spezialisten mit 74 Prozent.

Aber wer ist wirklich besser dran – der Generalist, der sich in vielen Branchen gut auskennt, aber in keiner davon herausragend? Oder der Spezialist, der sich in seiner Nische auskennt wie kein zweiter, jedoch in keiner anderen?

Cláudia Custódio hat dazu eine klare Meinung. Die außerordentliche Professorin für Finanzwirtschaft am Imperial College in London hat eine Reihe von Studien veröffentlicht, die das Dogma der Spezialisierung als Mythos entlarven. Dafür entwickelte sie den *General Ability Index* (GAI), der sich aus fünf Kategorien speist: Wie viele unterschiedliche Positionen ein Manager im Laufe seines Berufslebens schon bekleidet hat; wie viele Arbeitgeber er hatte; in wie vielen Branchen er tätig war; ob er schon einmal bei einer anderen Firma Vorstandschef war, noch dazu in einem Großkonzern mit verschiedenen Einheiten.

Vor einigen Jahren untersuchte die Professorin, ob ein Zusammenhang besteht zwischen der Erfahrung des Vorstandschefs und dem Innovationsgrad des Unternehmens. Dazu wertete sie zunächst aus, wie generalistisch die CEOs der größten US-Konzerne zwischen 1993 und 2003 waren. Im zweiten Schritt analysierte sie, wie viele Patente die Unternehmen in dem Zeitraum angemeldet hatten. Und siehe da: Wer von einem CEO mit breitem Erfahrungshorizont geführt wurde, war wesentlich innovativer. Außerdem stellte Custódio fest: Die Patente wurden wesentlich häufiger von anderen zitiert – ein kleines, aber dennoch feines Indiz für ihre Durchschlagskraft.

Die Innovationsforscherin vermutet: Die Erfahrung aus vielen verschiedenen Bereichen führt zu einer ganz besonderen Mischung aus Gelassenheit, Risikobereitschaft, Wissen und Scharfsinn. Eigenschaften also, die beim Umgang mit traditionell unsicheren Innovationen durchaus hilfreich sind. Man könnte auch sagen: Wer viel gesehen hat, lässt sich nicht mehr so schnell irritieren. Und das macht sich sogar auf dem Konto bemerkbar.

Darauf deutet zumindest eine weitere Studie von Cláudia Custódio hin. Dieses Mal verglich sie die Gehälter von etwa 4500 US-amerikanischen CEOs: Die Generalisten wurden besser bezahlt als die Spezialisten. Die Forscherin glaubt sogar, diesen Zusammenhang in Zahlen ausdrücken zu können. Jene, deren GAI über dem Mittelwert lag, verdienten im Schnitt knapp 20 Prozent mehr – bei den betrachteten Spitzenverdienern bedeutete das immerhin eine knappe Million Dollar extra. Anscheinend sind Generalisten völlig zu Unrecht schlecht beleumundet. Sie sind nicht nur anpassungsfähig, sondern auch flexibel und lernbereit. Und sie vermeiden die typischen Gefahren der Spezialisierung: Eine Garantie, dass die Nische lukrativ ist, gibt es nicht. Und wer immer nur durch den Tunnel fährt, übersieht die schönen Blumen am Wegesrand. Anscheinend hat es messbare Vorteile, alles ein bisschen zu können, aber nichts davon richtig – für die Menschen ebenso wie für ihre Arbeitgeber.

21

Frauen sind zu selbstlos

Männer handeln karriereorientierter

Mitte der Neunzigerjahre leitete die Ökonomin Linda Babcock das Doktorandenprogramm an der Heinz School, dem Graduiertenkolleg der Carnegie Mellon University in Pittsburgh. Eines Tages klopfte eine Gruppe von Studentinnen an ihre Bürotür. »Warum dürfen die meisten Doktoranden in diesem Semester ihre eigenen Kurse geben«, fragten sie Babcock, »während die Doktorandinnen bloß als wissenschaftliche Hilfskräfte arbeiten?« Babcock hatte keine Antwort, wollte aber eine finden. Also reichte sie die Frage an den stellvertretenden Dekan, der nicht nur die Lehrpläne der Heinz School erstellte, sondern gleichzeitig ihr Ehemann war. Er musste nicht lange nachdenken: »Ich versuche, wirklich jedem Studenten einen Kurs zu geben, wenn er eine gute Idee hat, lehren kann und eine ungefähre Vorstellung der anfallenden Kosten hat«, antwortete er, »aber es kommen eigentlich nur Männer zu mir. Frauen fragen einfach nicht.«

Dieser Satz ließ Linda Babcock nicht mehr los. Als langjährige Dozentin wusste sie selbst, dass dieses Ungleichgewicht mehr als eine Lappalie war. Unterrichtserfahrung machte sich gut in jedem Lebenslauf und kam bei späteren Bewerbungen umso besser an. Warum forderten die Doktorandinnen diese karrierefördernde Maßnahme nicht aktiv ein? Linda Babcock beschloss, eine Antwort auf diese Frage zu finden. In den vergangenen Jahrzehnten hat sie unzählige Feldstudien, Laborexperimente und Fragebögen konzipiert, und das Ergebnis war immer gleich: Männer verhandelten wesentlich härter und häufiger. Frauen sind offenbar viel zu selbstlos – und in gewisser Weise auch dafür verantwortlich, dass sie auf der Chefetage immer noch skandalös unterbesetzt sind.

Die Boston Consulting Group (BCG) stellte in einer Analyse fest: In den Vorständen der 100 größten deutschen Unternehmen nach Börsenwert betrug der Frauenanteil im Jahr 2018 mickrige sieben Prozent – nur ein Prozentpunkt mehr als im Vorjahr. Bei gleichbleibender Geschwindigkeit werde es laut BCG noch etwa 40 Jahre dauern, bis Spitzenpositionen gleichermaßen mit Frauen und Männern belegt seien. Etwas besser sah es in den Aufsichtsräten aus, wo immerhin im Schnitt rund 31 Prozent der Posten mit Frauen besetzt sind.

Nun könnte man das auf das frauenfeindliche, männerdominierte Klima in Unternehmen schieben – und läge damit nicht nur falsch, aber eben auch nicht ganz richtig. Davon ist zumindest Linda Babcock überzeugt, die mittlerweile Ökonomieprofessorin an der Carnegie Mellon University ist. Denn in einer Studie kam sie im Jahr 2017 zu einer anderen Aussage. Plakativ formuliert: Frauen sind im Büro viel zu nett. Natürlich klingt das bei Babcock etwas anders, vorsichtiger und auch diplomatischer – aber es läuft auf dasselbe hinaus: »Frauen verbringen weniger Zeit mit Aufgaben, die sich unmittelbar auf ihre Leistungsbeurteilung auswirken«, schreibt Babcock, »und dafür mehr Zeit mit Aufgaben, die zwar dem Unternehmen zugutekommen, nicht jedoch ihrer Karriere.«

Zu diesem Ergebnis gelangte Babcock in fünf verschiedenen Experimenten mit knapp 700 Teilnehmern. In einem Versuch teilte sie 150 Freiwillige in Grüppchen. Nun galt es, eine undankbare Sonderaufgabe zu übernehmen. Alle wollten sie erledigt sehen, keiner mochte sie gerne machen. Und siehe da: Die Frauen erklärten sich um 50 Prozent häufiger dazu bereit, das Projekt zu betreuen.

Sind Frauen einfach so? Nicht unbedingt, zeigte zumindest der zweite Versuch. Hier teilte Babcock die Probanden nach Geschlechtern, Männer und Frauen blieben unter sich. Und siehe da: Schon verpuffte der Effekt. Nun waren Männer wesentlich häufiger bereit dazu, die Drecksarbeit zu machen, während der Einsatz der Frauen sank. Offenbar wollten die Männer nicht als Stinkstiefel dastehen, während die Frauen fest davon ausgingen, dass sich schon eine von ihnen zur Drecksarbeit herablassen würde.

Ein Indiz dafür, dass die Vorliebe für undankbare Aufgaben keineswegs gottgegeben ist, sondern immer abhängig von den Umständen. Genau darauf lässt auch ein weiterer Versuch von Babcock schließen. Hier zeigte sie Männern und Frauen verschiedene Profilbilder. Sie durften eine Person herauspicken, die das Extraprojekt übernehmen sollte. Kaum zu glauben: Im Verlauf der Runden erhielten Frauen fast drei

Mal mehr Aufforderungen als Männer – und sagten auch häufiger ihre Mithilfe zu.

Babcocks Studie weist auf ein echtes Problem hin. Wenn Frauen so viel Zeit mit unsinnigen Aufgaben verbringen, haben sie weniger Zeit für die wichtigen Dinge. Dann brauchen sie länger, um Karriere zu machen, und sind schneller frustriert.

Klar, undankbare Aufgaben lassen sich kaum vermeiden. Die Weihnachtsfeier oder das Sommerfest wollen geplant, die Wochenenddienste und Nachtschichten eingeteilt, die Praktikanten betreut werden. Ruhm und Ehre locken bei solchen Sonderaufgaben eher weniger. Was also tun? »Die Lösung kann nicht sein, dass Frauen künftig mehr Anfragen ablehnen«, sagt Babcock, »sondern dass die Führungsetage die Aufgaben gerechter verteilt – etwa durch feste Rotationen.« Wichtig sei, das Thema ernst zu nehmen. Andernfalls würden gewisse Arbeitnehmer davon abgehalten, ihr volles Potenzial zu zeigen: »Wenn diese Last überproportional auf Frauen übergeht, wird nicht nur ihr Aufstieg behindert«, sagt Babcock, »dann verlieren Unternehmen auch wertvolle Talente.«

22

Es gibt im Job keine echten Freundschaften

Vertrauen ist gut, Grenzen sind besser

Im November 2018 kündigte meine Lieblingskollegin. Wir arbeiteten bereits seit einigen Jahren vertrauensvoll zusammen und verstanden uns auch menschlich stets bestens. Zuerst als gleichberechtigte Kollegen, in den vergangenen Jahren dann als Chef und Angestellte. Aber irgendwie hatte ich nie den Eindruck, dass das unser Verhältnis trübte. Im Gegenteil, wir erzählten uns auch weiterhin nicht alles, aber vieles über unser Privatleben. Ich würde schon sagen, dass sie für mich nicht nur eine Kollegin war, sondern eine Freundin.

Aber nun hatte sie ein Jobangebot erhalten, das sie nicht ablehnen konnte, mit mehr Gehalt und Verantwortung, noch dazu in einer Stadt im Süden, wodurch sie künftig keine Fernbeziehung mehr führen musste, sondern bei ihrem Freund einziehen konnte. Wer würde da nein sagen? Als sie mir davon erzählte, fragte ich sie aus reiner Neugier, wer schon davon wisse – und da nannte sie mir den Namen eines Kollegen, der seit mehreren Jahren zu meinen engsten Vertrauten im Büro zählt. Und das stimmte mich nachdenklich.

Damit wir uns nicht falsch verstehen: Ich bin weder ihr noch ihm böse, denn ich hätte sowohl an ihrer als auch an seiner Stelle genauso gehandelt. Dass sie ein Bedürfnis verspürte, zuerst mit einem engen Kollegen zu sprechen, bevor sie es ihrem Vorgesetzten sagt, kann ich ebenso nachvollziehen wie die Tatsache, dass mein Kollege es mir zunächst verschwieg. Wenn mir mal etwas Ähnliches passiert, würde ich diese Verschwiegenheit ja ebenfalls erwarten.

Dennoch ging ich nachdenklich aus dem Gespräch. Und inzwischen weiß ich auch, warum: Ich hatte sowohl von ihm als auch von ihr zu viel erwartet und die Situation falsch eingeschätzt. Ja, es kommt auch im Büro immer wieder vor, dass man sich mit Menschen gut versteht.

Aber das heißt noch lange nicht, dass diese Beziehungen an die Definition einer echten Freundschaft heranreichen. Mehr noch: Solche echten Freundschaften kann es im Job gar nicht geben – auch wenn das manche gerne hätten. Das Marktforschungsinstitut YouGov erkundigte sich in einer Umfrage im September 2017 bei mehr als 1 000 Deutschen nach Freundschaften am Arbeitsplatz. Rund 44 Prozent der 30- bis 39-Jährigen sagten, dass sie sich mit ein paar Kollegen auch privat treffen.

Nun muss das nicht schlecht sein. Das Feierabendbier mit dem Büronachbarn kann durchaus hilfreich sein. Manche Organisationspsychologen vertreten die Ansicht, dass Bürofreundschaften die Motivation und Kreativität fördern. Wer sich wohl fühlt, geht gerne zur Arbeit. Wer sich sicher fühlt, geht eher neue Wege. Wer sich mag, hilft sich gegenseitig und überwindet Schwierigkeiten dadurch schneller.

Das Problem ist bloß: Dieser Glaube führt dazu, dass gute Zusammenarbeit und Freundschaft zu schnell miteinander verwechselt werden. Keine Frage, Loyalität, Verlässlichkeit und Hilfsbereitschaft sind nie falsch. Dennoch sollte man die persönlichen Bindungen bei der Arbeit niemals überschätzen. Und nein, damit meine ich nicht das Gefühl der Reue, wenn man die Freundschaftsanfragen der Kollegen bei Facebook nach langem Zögern doch angenommen hat und ab sofort mit ästhetisch fragwürdigen Urlaubsfotos beglückt wird.

»Natürlich wollen wir nicht behaupten, dass Freundschaft keine gute Sache ist. Aber sie ist eben nicht immer und überall gut.« Diese Sätze stammen von Nancy Rothbard, einer Managementprofessorin an der renommierten Wharton Business School. Gemeinsam mit ihrer Doktorandin Julianna Pillemer beschäftigte sie sich in einer Studie im Jahr 2018 mit dem Phänomen der befreundeten Kollegen. Das Fazit: Menschliche Bindungen im Büro sind heikel.

Der Duden definiert Freundschaft als »auf gegenseitiger Zuneigung beruhendes Verhältnis von Menschen zueinander«. Doch neben Sympathie basiert dieses Verhältnis auf Freiwilligkeit. Seine Freunde kann man sich aussuchen, seine Kollegen nicht. Nun heißt das nicht automatisch, dass uns die lieben Kollegen nicht ans Herz wachsen dürfen. Aber wir sind gut damit beraten, diese Verbindung im Zweifel wieder lösen zu können.

Zum einen, weil Freundschaft in vielen Situationen die Arbeit erschwert. Wenn nur ein Angestellter befördert werden kann, aber sich zwei Freunde bewerben – wie vermeiden sie dann Konsequenzen für ihre Beziehung? Wenn Freunde neue Ideen entwickeln sollen, aber letztlich völlig gleich ticken – wie soll dann Kreativität entstehen? Wenn Vorgesetzte harte, unpopuläre Schritte einleiten müssen: Sollen sie sich für die Freundschaft entscheiden und womöglich dem Unternehmen schaden oder umgekehrt?

Zum anderen sendet Cliquenbildung ein heikles Signal. Wer nicht dazu gehört, fühlt sich ausgeschlossen. Wer seine Freundschaft demonstrativ zur Schau stellt, riskiert den Ausschluss aus gewissen Kreisen. Außerdem entsteht Misstrauen: Bevorzugt der Vorgesetzte den Freund? Tratscht ein Angestellter vertrauliche Informationen sofort weiter?

Auch deshalb raten Rothbard und Pillemer zum gesunden Mittelweg. Machen Sie sich immer bewusst: Es handelt sich mit ziemlicher Wahrscheinlichkeit um eine Verbindung auf Zeit, umso wichtiger sind persönliche Grenzen. Wägen Sie ab, wie weit Sie im Vertrauen etwas preisgeben, was möglicherweise gegen Sie verwendet werden könnte. Dazu gehören etwa alle heiklen Gesprächsthemen wie Krankheiten, Beziehungsprobleme oder Jugendsünden.

Und wenn Sie doch mit einem Freund im Team arbeiten, sprechen Sie die Situation offen an. Machen Sie klar, dass Sie die Freundschaft nicht mit beruflichen Themen belasten wollen. Dazu gehören auch Absprachen, wie Sie sich beispielsweise in Besprechungen verhalten sollen – denn dort werden Sie sich mitunter widersprechen. Eine echte Freundschaft wird das aushalten. Und wenn es daran scheitert, war die Freundschaft nicht echt.

23

Ein hohes Gehalt macht nicht glücklich

Topmanager sind nicht zufriedener als Pförtner

Nicht jedes Problem lässt sich simpel aus der Welt schaffen. Unzufriedenheit zum Beispiel. Glaubt man den einschlägigen Umfragen, sind die deutschen Büroflure voller Miesepeter. Aus dem Engagement Index der Meinungsforschung Gallup ging im Herbst 2018 hervor, dass in Deutschland 14 Prozent der Beschäftigten – immerhin 5,1 Millionen Menschen – innerlich gekündigt und keine emotionale Bindung mehr an ihr Unternehmen haben.

Immerhin: Manch mutige Angestellte raffen sich dazu auf, beim Chef vorstellig zu werden und ihren Frust zu äußern – und nicht wenige Vorgesetzte greifen dann zu einem vermeintlich simplen Mittel: Sie erhöhen das Gehalt der Beschwerdeführer, in der Hoffnung, dass das Mehr auf dem Konto das Weniger an Zufriedenheit mindestens ausgleicht. Wenn es mal so einfach wäre.

»Geld allein macht nicht glücklich«, sagte einst Marcel Reich-Ranicki, »aber es ist besser, in einem Taxi zu weinen als in der Straßenbahn.« Damit hatte der deutsche Literaturkritiker natürlich recht, einerseits. Andererseits führt der Spruch in die Irre. Denn wer glaubt, dass das Gehalt mit Zufriedenheit korreliert, oder einfach ausgedrückt: dass mehr Einkommen die Jobzufriedenheit steigert, der irrt gewaltig.

Falls Sie sich das nicht vorstellen können, sollten Sie mal mit Timothy Judge sprechen. Der Managementprofessor an der University of Notre Dame im US-Bundesstaat Indiana veröffentlichte im Jahr 2010 eine Metaanalyse. Er durchforstete also eine elektronische Datenbank nach sämtlichen Studien, die sich zwischen 1887 und 2007 mit den Schlagwörtern »Zufriedenheit« und »Bezahlung« beschäftigt hatten. Nun filterte er jene raus, die ihm nicht passend erschienen oder die methodische Mängel aufwiesen. So blieben am Ende noch 86 Untersuchungen übrig. Und als

Judge diese auswertete, machte er eine interessante Entdeckung: Das Gehalt und die Jobzufriedenheit hatten rechnerisch nur einen minimalen Zusammenhang.

Auf den ersten Blick klingt das widersprüchlich. Immerhin sind wohlhabende Personen doch dazu in der Lage, sich ein angenehmeres Leben zu leisten oder Dinge zu kaufen, die sich mit ziemlicher Sicherheit auf die Lebensqualität auswirken – egal ob das Taxi auf dem Heimweg, den Urlaub an einem schönen Ort oder die schicken Klamotten. Und selbst wenn man seinen Chef nicht bewundert und seine Tätigkeit nicht täglich als Quell der Inspiration empfindet: Ein hohes Gehalt müsste doch eigentlich als eine Art Schmerzensgeld fungieren, das die täglichen Leiden erträglich macht – und so indirekt auch die Zufriedenheit mit dem Job erhöht.

Doch anscheinend funktioniert dieser Mechanismus nicht. Gerade jene Berufe, die zahlreiche Annehmlichkeiten finanzieren, verschaffen keine seelische Befriedigung. Das erklärt auch, warum die Topmanager in einem Unternehmen selten glücklicher sind als die Pförtner. Judge glaubt sogar, das in Geld ausdrücken zu können: »Eine Gruppe von Anwälten mit einem Durchschnittsgehalt von 148 000 US-Dollar war weniger zufrieden mit ihrem Job als Erzieher mit einem Gehalt von 23 500 Dollar.«

Auf der Suche nach einer Erklärung stieß der Managementprofessor auf die Adaptations-Niveau-Theorie des amerikanischen Psychologen Harry Helson. Der vermutete bereits in den Vierzigerjahren, dass sich Menschen, wenn sie sich eine Meinung bilden, an einem gewissen Referenzpunkt orientieren – doch dieser Punkt verschiebt sich, je nach den individuellen Erlebnissen. Bezogen auf das Gehalt könnte das also bedeuten: Sobald wir eine Erhöhung erhalten haben, ist sie psychologisch bereits verbucht – und verliert ihren Reiz.

Und so hält die Studie sowohl für Angestellte als auch für Arbeitgeber wichtige Lektionen bereit. »Wenn Sie einen Job suchen, der Sie glücklich machen soll, achten Sie besser nicht so sehr auf die Bezahlung«, schreibt Judge. »Und wenn Sie als Arbeitgeber an einer zufriedenen Belegschaft interessiert sind, dann gilt dasselbe.«

24
Geheimnisse kosten Kraft
Eine Schweigepflicht sorgt für seelischen Stress

Am Mittwoch vor Weiberfastnacht 2018 vibrierte mein Smartphone. Auf dem Display stand der Name eines Arbeitskollegen. »Ich muss dir etwas erzählen«, sagte er, »aber du musst es unbedingt für dich behalten.« »Schieß los«, antwortete ich. Doch das reichte ihm nicht: »Du sagst es niemandem?«, fragte er. »Natürlich nicht«, erwiderte ich leicht gereizt. Und dann erzählte er es.

Damit wir uns richtig verstehen: Ich habe das Geheimnis bislang für mich behalten und werde es auch weiterhin tun. Aber schwer fällt es mir schon. Kein Wunder, würde Michael Slepian sagen. Der Assistenzprofessor der Columbia University erforscht seit einigen Jahren die Psychologie der Geheimnisse. Und dabei hat er einige interessante Erkenntnisse über die menschliche Seele gewonnen.

Wir können zum Beispiel gar nicht anders, als uns von konspirativen Angaben einlullen zu lassen. Wer uns Informationen anvertraut – etwas Hilfreiches wie eine freie Stelle, etwas Harmloses wie ein Hobby oder etwas Heftiges wie eine Straftat – der wächst uns automatisch ans Herz. In gewisser Weise übernimmt das Unterbewusstsein diesen Prozess: Sieh her, da öffnet sich jemand! Wenn wir ihm nicht sympathisch wären, würde er das niemals wagen! Diesen feinen Zug wollen wir erwidern – und lassen der Person ebenfalls unsere Sympathie zuteilwerden.

Aber gilt das auch, wenn dieses Geheimnis an Bedingungen geknüpft ist? Wenn der Überbringer von uns verlangt, die Info niemandem weiterzuerzählen, sie also gewissermaßen zu unserem eigenen Geheimnis zu machen? Steigert das unsere Zuneigung umso mehr oder verkehrt sich der Effekt ins Gegenteil? Empfinden wir die Einbeziehung immer noch als Segen – oder vielleicht schon als Fluch?

In früheren Experimenten hatte Slepian festgestellt: Etwas für sich behalten zu müssen, belastete die Menschen erheblich. Aber nicht, weil sie ihr Wissen in bestimmten Situationen aktiv verbergen mussten. Sondern weil sie sich im Alltag ständig dabei ertappten, wie sie an das Geheimnis dachten – und darunter litt ihr Wohlbefinden. Doch dieser Effekt tritt nicht nur bei eigenen Geheimnissen auf. Sondern auch dann, wenn jemand sein Geheimnis mit uns teilt, aber uns gleichzeitig eine Schweigepflicht auferlegt.

Zu diesem Resultat kam Slepian in einer Studie im Jahr 2018. Zunächst reichte er 200 Probanden den von ihm entwickelten »Common Secrets Questionnaire«. Dahinter verbirgt sich eine Liste mit 38 Kategorien von Geheimnissen: sexuelle Enthaltsamkeit oder Untreue, illegale Hobbys oder kriminelle Aktivitäten, finanzielle oder körperliche Sorgen. Slepian wollte von den Freiwilligen wissen, ob sie ein solches Geheimnis von jemandem kannten. Wie nah standen sie der Person? Wie oft dachten sie an die Beichte? Und was lösten diese Gedanken aus – ein Gefühl der Nähe oder der Belastung?

Und siehe da: Die negativen Emotionen dominierten vor allem dann, wenn das Geheimnis Menschen aus dem gemeinsamen Netzwerk betraf. Dann nämlich mussten sich die Befragten anstrengen, um sich nicht zu verplappern. Und das sorgte für seelischen Stress. Eine intime Information ist demnach ambivalent: Sie kann die Bindung zwischen zwei Menschen stärken, aber ebenso gut belasten.

Bevor Sie demnächst also jemanden in Ihre Schandtaten einweihen oder von denen anderer berichten, denken Sie in Ruhe nach und wägen Sie ab: Sie riskieren, dass Ihre Vertrauensperson es weitererzählt. Und bürgen ihr zudem eine erhebliche seelische Last auf. Wem das alles zu anstrengend ist, dem sei ein Bonmot des einstigen Google-Chefs Eric Schmidt empfohlen: »Wenn es etwas gibt, das niemand über Sie erfahren soll, dann sollten Sie es vielleicht gar nicht erst tun.«

25

An jedem Gerücht ist was dran

Bei wichtigen Themen funktioniert der Flurfunk einwandfrei

Zunächst konnte ich es nicht glauben, es klang einfach zu seltsam. Doch, versicherte mein Kollege, es gebe seitens der Geschäftsführung tatsächlich Pläne, eine wichtige Führungskraft loszuwerden, ein Personalberater sei bereits mit der Suche nach einem geeigneten Nachfolger betraut. Wenige Wochen später stellte sich heraus, dass der Kollege recht gehabt hatte: Der alte Chef ging, ein neuer kam. Das Gerücht hatte gestimmt. Glück? Zufall? Oder Normalität?

Gerüchte genießen einen zweifelhaften Ruf. Wer sie verbreitet, gilt schnell als Quatschtante und Geschichtenonkel. Wer von ihnen betroffen ist, würde sie am liebsten diskret beseitigen. Doch wo Menschen zusammenkommen, entstehen sie beinahe zwangsläufig. Manchmal unbewusst, meistens jedoch voller Lust.

An dieser Stelle eine kurze Einordnung. Auch wenn der Volksmund Gerüchte einerseits und Geschwätz andererseits oft synonym verwendet, unterscheiden Psychologen streng zwischen beiden Begriffen. Beim Klatsch und Tratsch geht es meistens um harmlose Lästereien unter Kollegen, die eher der Unterhaltung und Zerstreuung dienen: Hier hat der Chef in den Ferien zugenommen, da versagt dem Teamleiter in öffentlichen Auftritten immer die Stimme, dort vermasselt der überforderte Assistent mal wieder die Terminplanung. Alles nicht unbedingt freundlich, aber doch vergleichsweise harmlos. Gerüchte wiederum sind so etwas wie die erwachsene, ernstzunehmende Schwester der Lästereien – und deshalb beschäftigen sich Psychologen seit Jahrzehnten mit ihrer Entstehung.

Eine wegweisende Arbeit zum Thema erschien bereits im Jahr 1947. In ihrem Werk *The Psychology of Rumor* definierten Gordon Allport und Leo Postman ein Gerücht als »spezifischen Glaubenssatz, der von Person zu Person weitergegeben wird, in der Regel durch Mundpropaganda, ohne dass sichere Standards für Beweise vorliegen«. Inzwischen ist klar: Die Gerüchteküche eröffnet vor allem dann, wenn die Gäste unsicher sind. Wo ein Informationsvakuum herrscht, neigen die Menschen dazu, es schlimmstenfalls mit Halbwahrheiten und Spekulationen zu füllen, um zumindest ansatzweise eine Erklärung zu haben. Aber was genau ist an Gerüchten dran?

Eine der ersten Studien in Sachen Gerüchte-TÜV veröffentlichte der US-Soziologe Theodore Caplow bereits im Jahr 1947. Er hatte während des Zweiten Weltkriegs zwei Jahre lang Gerüchte bei einer Militäreinheit gesammelt. Fast 100 Prozent erwiesen sich bei näherem Hinsehen als korrekt: »Jede größere Operation, jeder Standortwechsel, jede wichtige administrative Änderung kursierte als Gerücht, bevor die Heeresleitung es offiziell kommunizierte.« Offenbar handelte es sich beim Flurfunk um eine Art Frühwarnsystem. Und davon profitieren nicht nur Soldaten in einer lebensbedrohlichen Situation, sondern auch Angestellte auf dem Büroflur.

Zu diesem Fazit kam Jules Harcourt von der US-amerikanischen Murray State University (Kentucky) im Jahr 1991. Der Kommunikationswissenschaftler verschickte einen Fragebogen an mehr als 3 600 Manager, immerhin 871 antworteten. Harcourt wollte herausfinden, aus welchen Kanälen die Befragten von Neuigkeiten erfuhren. Und siehe da: Jeder fünfte Befragte fand die Gerüchteküche für Informationen verlässlicher als die offizielle Kommunikation – insbesondere, wenn es um Beförderungen, Entlassungen oder neue Stellen ging, um Gehälter oder strategische Pläne der Unternehmensleitung.

Nicholas DiFonzo wundern diese Ergebnisse nicht. Der Psychologieprofessor vom Rochester Institute of Technology gilt als einer der weltweit führenden Gerüchteforscher. Zusammen mit seinem Kollegen und Co-Autor Prashant Bordia hat er ebenfalls die Stille Post am Arbeitsplatz untersucht – in mindestens 80 Prozent der Fälle, sagt DiFonzo, sind die kursierenden Informationen tatsächlich wahr.

Das hat ihm zufolge vor allem drei Gründe: Erstens sendet der Flurfunk vor allem dann, wenn Unsicherheit, Angst oder Panik hinsichtlich der Zukunft des einzelnen Arbeitsplatzes oder des gesamten Unternehmens herrscht – nicht der richtige Augenblick für eine Märchenstunde. Zweitens: Wer ein Gerücht weitererzählt, möchte nicht beim freien Fabulieren ertappt werden. Denn den Ruf als Lügner wird man nicht so schnell wieder los. Und drittens sind die Netzwerke im Büro meist so eng geknüpft, dass sich nicht-verifizierte Gerüchte schnell verifizieren lassen. Falls also doch mal eine Fälschung in Umlauf gerät, wird sie vom Flurfunk schnell wieder korrigiert. »Wahre Gerüchte sind im Arbeitskontext eher die Regel als die Ausnahme«, sagt DiFonzo, »denn die Beteiligten sind an der Wahrheit interessiert.«

Bleibt zum Schluss nur noch eine Frage: Wie reagiere ich als Opfer eines Gerüchts? Unabhängig vom Realitätsgehalt wäre es am schlimmsten, gar nichts zu sagen – denn das erhöht die Unsicherheit nur noch mehr. Wenn es wahr ist, sollten Sie niemals leugnen, denn meistens kommt die Wahrheit ohnehin raus, und leugnen macht es nur noch schlimmer. Falls es doch nicht stimmt, sollten Sie das auch kommunizieren. Und zwar so konkret wie möglich. Also nicht: »Das stimmt nicht!« plärren – sondern den genauen Inhalt adressieren und korrigieren.

26

Geschäftigkeit dient als Statussymbol

Mit einem vollen Terminkalender lässt sich prima kokettieren

Ein Freund von mir ist Chef einer Unternehmensberatung. Sich mit ihm zu treffen, ist in etwa so komplex wie eine Expedition an den Nordpol. Neulich zum Beispiel, an einem Montag im September, waren wir zum Mittagessen verabredet (genauer gesagt hatte mir seine Assistentin eine digitale Termineinladung geschickt, die ich per Mausklick angenommen hatte). Leider kam mir kurzfristig etwas dazwischen, ich entschuldigte mich bei ihm und fragte, ob wir uns stattdessen am folgenden Montag treffen könnten. »Das kann ich gut verstehen«, schrieb er sofort zurück, »der nächste freie Mittagstermin ist allerdings erst Ende November.«

Im ersten Moment fand ich seine Antwort lachhaft. Wollte er mir wirklich weismachen, in den kommenden drei Monaten bereits jeden Tag zum Essen verabredet zu sein? War das die reine Wahrheit oder pure Angeberei? So etwas könnte mir nie passieren.

Aber genau diese Einsicht führte mich im zweiten Moment zu einer weiteren Frage: War mein Freund vielleicht einfach bloß beliebter, wichtiger, sprich: erfolgreicher als ich? Irgendwie konnte ich nicht anders, als ihn für seinen anscheinend brechend vollen Terminkalender zu beneiden. Und Silvia Bellezza, Assistenzprofessorin an der Columbia Business School, kann diese Reaktion nicht nur nachvollziehen, sondern auch erklären: »Lange Arbeitszeiten und wenig Freizeit sind in der heutigen Arbeitswelt ein Statussymbol.«

Vor einigen Jahren konfrontierte Bellezza Hunderte Freiwillige mit unterschiedlichen Situationen. Mal reichte sie ihnen verschiedene Facebook-Statusmeldungen einer erfundenen Person, mal handschriftliche Briefe. Mal wurde ein gewisser Jeff, 35, als Mensch beschrieben, der ständig Überstunden schob und dessen Terminplan stets voll war. Ein anderes Mal war Jeff ein Faulenzer, der am liebsten nichts tat. In einem anderen Experiment beschwerte sich eine Person über ihre Arbeitsbelastung, im anderen Fall schwärmte sie von einem freien Tag.

Nun sollten die Probanden die jeweiligen Personen einschätzen. Hielten sie sie für Topverdiener, ehrgeizig und auf dem Arbeitsmarkt gefragt? Glaubten sie, dass sie viel arbeiteten – und sehr beschäftigt waren? Und siehe da: Allein die Information über das Ausmaß der Arbeitsbelastung beeinflusste die Antworten. Die Person, die mit ihrem Stress kokettierte, galt als begehrter und erfolgreicher – unabhängig von Geschlecht, Alter oder Beruf der Befragten.

Wenn das die frühen Philosophen wüssten. Für Cicero zum Beispiel waren Menschen, die gegen Geld ihre Arbeit anboten, gleichbedeutend mit minderwertigen Sklaven. Wer wirklich frei war, der musste sich nicht in die Niederungen einer abhängigen Beschäftigung begeben, sondern verbrachte den Tag so, wie es ihm beliebte – und zwar bevorzugt mit Müßiggang. Dieses Bild hat sich offenbar gewandelt. Mag jeder von der Work-Life-Balance schwadronieren und behaupten, dass Arbeit nicht alles ist: Anscheinend gilt Geschäftigkeit heute als Auszeichnung, eine volle To-do-Liste nicht als Malus, sondern als Merkmal.

Aber warum hat das fleißige Bienchen einen besseren Ruf als der faule Hund? Bellezza zufolge dient Geschäftigkeit als subtiles Signal. Seht her, so die Botschaft, ich verfüge über kostbare Eigenschaften, die auf dem Arbeitsmarkt rar sind, deshalb bin ich so gefragt. Wer ständig betont, wie viel er zu tun hat, will damit vielleicht aber auch einfach nur Eindruck schinden. Umso wichtiger ist es, nicht automatisch auf diese Inszenierung hereinzufallen.

Im Falle meines Unternehmensberaterfreundes habe ich mich für die Konfrontation entschieden: »Ende November?«, antwortete ich, »das kannst du mir nicht erzählen.« Ein paar Tage später hatte ich eine Einladung seiner Assistentin zum Mittagessen im E-Mail-Postfach. Wir trafen uns Ende September.

27

Gründer sind miserable Manager

Was dem Start-up hilft, ist im Konzern hinderlich

Im Jahr 1998 machten zwei Gründer ihren Geldgebern ein Versprechen. Wenn sich ihr neues Start-up gut entwickeln sollte, würden sie eines Tages einen erfahrenen Manager zum Vorstandschef berufen. Drei Jahre später war es so weit: Larry Page und Sergey Brin kürten Eric Schmidt zum CEO der Suchmaschine Google. Eine der lukrativsten Allianzen aller Zeiten: 2001 setzte das Unternehmen 86,4 Millionen Dollar um und machte einen Gewinn von sieben Millionen Dollar. Als Schmidt seinen Posten zehn Jahre später verließ, lag der Google-Umsatz bei 37,9 Milliarden Dollar und der Gewinn bei 9,7 Milliarden.

Selfmade-Milliardäre wie Larry Page und Sergey Brin (Google), Jeff Bezos (Amazon) oder Richard Branson (Virgin) werden bewundert – vor allem deshalb, weil sie aus einer Weltidee einen Weltkonzern geformt haben. Aber auch deshalb, weil sie den von ihnen gegründeten Unternehmen auch heute noch als CEO vorstehen. Und das schaffen die wenigsten. Denn Studien zeigen: Herausragende Gründer sind meistens miserable Manager.

Die Zahlen sind alles andere als motivierend: Untersuchungen zufolge wird nur eines von zehn Start-ups erfolgreich, mehr als 80 Prozent scheitern innerhalb der ersten drei Jahre. Wer sich sowas antut? Menschen mit viel Enthusiasmus, Wagemut und Risikobereitschaft, mit einem beinahe übernatürlichen Glauben an sich selbst und in ihr eigenes Können, in ihre Idee, ihr Produkt, ihre Dienstleistung.

Solche Persönlichkeiten passen perfekt zu einem Start-up. Die Wege sind kurz, die Hierarchien flach, die Entscheidungen werden immer schnell und meistens vom Gründer getroffen, der sich bei niemandem rechtfertigen muss. Die Verantwortung obliegt ihm ganz alleine – und solange er seine Geldgeber davon überzeugen kann, dass sich ihr finanzieller Einsatz eines Tages rentiert, zweifelt keiner an seiner Autorität.

Das Problem ist jedoch: Wenn ein Start-up wächst, steigt gleichzeitig die Komplexität. Plötzlich gibt es Hierarchien und Bürokratien, Strukturen und Gremien, Regeln und Pflichten. Und nun sind jene Eigenschaften, die eben noch wünschenswert waren, auf der Chefetage eher hinderlich. Mehr noch: Häufig schließen sie sich sogar gegenseitig aus. Kaum eine Führungskraft kann gleichzeitig passioniert sein und reserviert, spontan und strategisch, impulsiv und besonnen, risikobereit und vorsichtig. Wenn aus einer jungen Firma ein erwachsener Konzern werden soll, muss der Gründer irgendwann von Bord.

Diese Ansicht vertritt zum Beispiel Victor Manuel Bennett, Assistenzprofessor an der US-amerikanischen Duke University in North Carolina. Für seine Studie wertete er Daten der World Management Survey aus. In dieser weltweiten Umfrage erheben Organisationsforscher um Nicholas Bloom von der Stanford University regelmäßig die Qualitäten von Führungskräften in mehr als 13 000 Unternehmen in 32 Ländern. Und dabei fiel Bennett auf: In knapp 2 500 Fällen war der Gründer gleichzeitig der Vorstandschef oder Geschäftsführer – und genau jene Unternehmen waren im Schnitt um knapp zehn Prozent unproduktiver. Außerdem bewerteten die dortigen Mitarbeiter den Führungsstil ihres Chefs durchweg schlechter. Mal gab es kein internes Kontrollsystem, um aus Fehlern zu lernen, mal mangelte es an konkreten Zielen, mal fehlte eine Personalplanung mit transparenten Kriterien für Beförderungen. Aber es kommt sogar noch besser: Kaum wurde der Gründer als Chef ersetzt, verbesserten sich die Werte.

Das erklärt auch, warum viele Investoren die Gründer irgendwann herausdrängen. Wie sinnvoll das ist, beobachtete vor einigen Jahren Noam Wasserman. Damals untersuchte der Managementprofessor der University of Southern California die Daten von mehr als 6 000 US-Unternehmen. Und siehe da: Je weniger operative Verantwortung ein Gründer in seinem Laden hatte, desto höher war das Unternehmen bewertet.

Unternehmer bezeichnen ihr Start-up gerne als ihr Baby. Ein schönes, ein passendes Bild – das gleichzeitig Hinweise auf das richtige Verhalten gibt. Denn so wie Eltern ihr Kind irgendwann loslassen, so sollten auch Gründer mit ihrem Projekt verfahren. Wenn sie es richtig anstellen, kommt es irgendwann zu ihnen zurück.

So wie bei Google. Knapp zehn Jahre nach seinem Amtsantritt verkündete Eric Schmidt im Januar 2011 seinen Rücktritt als Vorstandschef und wechselte in den Aufsichtsrat. Sein Kommentar beim Kurznachrichtendienst Twitter: »Die tägliche Beaufsichtigung eines Erwachsenen ist nicht mehr nötig.«

28

Hilfsbereitschaft wird missverstanden

Unterstützen Sie andere nur, wenn Sie gefragt werden

Vor einigen Jahren ließen die beiden Verhaltensforscher Felix Warneken und Michael Tomasello 18 Monate alte Kleinkinder dabei zuschauen, wie ein Mann vergeblich versuchte, eine Schranktür zu öffnen. Zunächst beobachteten die Kinder ihn kritisch. Als sie jedoch merkten, dass er nicht weiterkam, tapsten sie zu ihm und öffneten ihm die Tür. Dasselbe Verhalten zeigten sie, wenn es darum ging, einen Stift aufzuheben oder einen Schwamm zurückzubringen: Jedes Mal boten sie Fremden ihre Unterstützung an. Ohne Gegenleistung.

Anscheinend ist Hilfsbereitschaft tief in uns verankert – und auch im Job gibt es Momente, in denen Menschen ihre charakterliche Schokoladenseite zeigen. Der eine bietet dem Kollegen an, eine Schicht mit ihm zu tauschen, damit dieser früher nach Hause kann, der andere übernimmt eine Aufgabe, die den Tischnachbarn überfordert. Kleine Gesten machen oft große Unterschiede. Man sollte also meinen, dass Hilfsbereitschaft immer und überall gefragt ist. Von wegen. Denn tatsächlich gibt es eine Art der Unterstützung, die sich sowohl auf die Helfer als auch auf die Empfänger negativ auswirkt.

So lautet zumindest das Fazit einer Studie von Hun Whee Lee, Doktorand am Eli Broad College of Business der Michigan State University. Für den ersten Teil seiner Untersuchung gewann er 51 Angestellte im Alter zwischen 21 und 60, die in verschiedenen Branchen tätig waren – bei Produktionsbetrieben und Bildungseinrichtungen, im Gesundheitswesen oder in der Regierung. Ihnen schickte er an zehn aufeinanderfolgenden Arbeitstagen jeweils abends einen Fragebogen. Darin machten sie einerseits Angaben dazu, ob sie an jenem Tag Beistand von Kollegen bekommen hatten, und wenn ja, welchen. Hatte jemand unaufgefordert Unterstützung offeriert (»proaktive Hilfe«) oder erst auf Nachfrage (»reaktive Hilfe»)? Außerdem wollte Lee wissen, wie engagiert die Testpersonen gerade bei der Arbeit waren.

Und siehe da: Reaktive Hilfe förderte das Wohlbefinden messbar. Sowohl jene, die um Beistand gefragt wurden, als auch jene, die diesen einforderten, empfanden höhere Dankbarkeit – und waren am folgenden Arbeitstag motivierter. Ganz anders war es bei der Gruppe der proaktiven Hilfe: Die Wohltäter empfanden wesentlich weniger Dankbarkeit, was sich wiederum negativ auf ihre Motivation auswirkte. Noch schlimmer waren die Folgen bei den Empfängern. Sie fühlten sich nicht unterstützt, sondern bevormundet.

Aber warum kommt selbst gut gemeinte Hilfe so schlecht an? Lee vermutet: Proaktives Eingreifen wird tendenziell als übergriffig empfunden. Denn die unterschwellige Botschaft ist: Da bekommt es jemand nicht alleine hin. Das mag sogar stimmen, aber vielleicht will es der oder die Betroffene erstmal selbst versuchen. Taucht da plötzlich jemand auf, wird das als Angriff auf das Ego gewertet. Und das fördert nicht die Dankbarkeit, sondern den Groll. Vor allem deshalb, weil der Empfänger zumindest unterbewusst glaubt, seine Kompetenz werde infrage gestellt – und darunter leidet sein Selbstbewusstsein. Menschen legen nun mal Wert darauf, alles unter Kontrolle zu haben. Doch eben diese Kontrolle fehlt, wenn es jemand scheinbar ungefragt besser weiß. Reaktive Hilfe hingegen wird immer nur auf Aufforderung geleistet. Und wer in einer ausweglosen Situation Unterstützung erfährt, fühlt sich ernst genommen und unterstützt – und ist hinterher umso dankbarer, wenn das Problem doch lösbar war.

Im Zweifel gilt also: Erinnern Sie Ihre Kollegen gerne regelmäßig daran, dass Sie jederzeit für Sie da sind – aber warten Sie lieber ab, ob diese Hilfe auch benötigt wird. Andernfalls halten Sie sich lieber zurück.

29

Im Home Office macht man keine Karriere

Erfolg braucht Sichtbarkeit

Was für eine herrliche Vorstellung: Morgens spart man sich den Stau und das Gedrängel in der U-Bahn, mittags entgeht man dem trockenen Schnitzel in der Kantine, der uninspirierte Small-Talk mit Kollegen entfällt ebenso wie die unangenehme Begegnung mit dem Chef. Stattdessen setzt man sich nach dem Frühstück mit einem selbst gebrühten Kaffee an den Schreibtisch, zum Mittagessen kredenzt man sich fix einen Salat und nachmittags kann man früher Feierabend machen, weil man die gesparte Zeit in die Arbeit gesteckt hat. Verlockend, oder?

Das empfinden jedenfalls viele Deutsche so. Das Bundesarbeitsministerium kam in einer Studie im Jahr 2015 zu dem Ergebnis, dass 40 Prozent aller Angestellten, die bisher nicht von zuhause aus arbeiten können, dies gerne tun würden. Die Befürworter der Heimarbeit teilen sich, grob vereinfacht, in zwei Gruppen: Die einen bilden sich ein, Job und Privatleben besser vereinbaren zu können, die anderen erhoffen sich weniger verschwendete Lebenszeit in Staus, Bussen und Bahnen. Auch deshalb fördern manche Arbeitgeber die Flucht aus dem Büro. Die einen haben feste Schreibtische für einzelne Mitarbeiter abgeschafft, andere stellen nur noch für gut 80 Prozent der Belegschaft überhaupt einen Arbeitsplatz zur Verfügung, und in Zeiten der Cloud kann man ohnehin von jedem Ort der Welt auf interne Dokumente zugreifen.

Doch so verständlich und berechtigt der Wunsch nach mehr Zeit im Home Office ist: Nach ein paar Monaten folgt häufig die Ernüchterung. Und das nicht nur für die Chefs, weil sie mehr koordinieren müssen und weniger kontrollieren können. Sondern vor allem für die Angestellten. Denn eine Reihe von Studien belegt, dass sie im Home Office öfters gestresst sind und sich häufiger einsam fühlen. Und seltener befördert werden sie dort auch. Wer ständig zu Hause arbeitet, gefährdet seine Gesundheit ebenso wie seine Karriere. Vor allem aus drei Gründen.

Erstens ist der Flurfunk im Home Office auf »stumm« geschaltet. Auf den ersten Blick mögen Konversationen zwischen Kantine und Kaffeeküche belanglos wirken. Doch genau aus solch zufälligen Gesprächen entstehen oft erst neue Ideen oder Allianzen. Außerdem liefern sie meistens wichtige Hinweise darauf, wie gerade die Stimmung im Unternehmen ist, wer sich mit wem besonders gut versteht und wessen Karrierestern sinkt oder steigt.

Zweitens ist die Trennung von Job und Familie im Home Office schwieriger als gedacht. Diese Erfahrung hat wohl kaum jemand so herrlich dramatisch machen müssen wie Robert Kelly. Der Professor an der südkoreanischen Pusan National University gab der BBC im März 2017 ein Liveinterview – und saß währenddessen vor seiner Webcam im heimischen Arbeitszimmer. Zunächst lief alles wie geplant. Dann öffnete sich plötzlich die Tür und Kellys vierjährige Tochter trat tanzend ein, nur wenige Sekunden später folgte ein Baby im Lauflernwagen. Kelly gelang es nur mühsam, seine Konzentration und Fassung zu wahren. Zum Glück erlöste ihn, wieder ein paar Sekunden später, seine hastig hereinstürmende Frau und zerrte die Kinder hinaus.

Nun geben die wenigsten von uns Fernsehinterviews und erst recht nicht ständig. Doch auch bei normalen Angestellten erschwert die Arbeit in den eigenen vier Wänden die Trennung von Job und Privatleben. Laut einer Studie der International Labour Organization (ILO) leiden 29 Prozent der Büroarbeiter unter Schlafstörungen – bei denjenigen, die von zu Hause arbeiten, sind es immerhin 42 Prozent. Außerdem fühlen sich Letztere der Untersuchung zufolge deutlich gestresster.

Und drittens entsteht im Home Office das Problem der Nicht-Beförderung. Davor warnt unter anderem Nicholas Bloom, Ökonomieprofessor an der Stanford University. Für eine Studie kooperierte er mit einem chinesischen Reiseportal. Dessen Führungsebene interessierte eine Frage: Wäre es möglich, die Call-Center-Agenten in Schanghai im Home Office arbeiten zu lassen, dabei gleichzeitig die Kosten für die Büromiete zu sparen, die Produktivität zu erhöhen und die Fluktuation zu senken? Bloom teilte 249 Angestellte willkürlich in zwei Gruppen. Die eine sollte neun Monate lang an vier Arbeitstagen in der Woche im Home Office arbeiten und den fünften Tag im Büro verbringen. Die andere Hälfte ging jeden Tag in die Zentrale.

Ja, die Leistung der Home-Office-Gruppe stieg in den neun Monaten deutlich – weil ihre Mitglieder weniger Pausen einlegten, sich seltener krankmeldeten und mehr Telefonate schafften. Außerdem machte ihnen die Arbeit mehr Spaß und die Fluktuation sank. Bloß einen klitzekleinen Unterschied gab es: Die Mitglieder der Home-Office-Gruppe wurden seltener befördert. Vermutlich deshalb, weil sie für ihre Führungskräfte weniger sichtbar waren.

Alleiniges Arbeiten im Home Office ist also leider keine langfristig gute Lösung. Vielmehr liegt, wie so oft, die Lösung für die meisten eher in einer guten Mischung. Und wer Karriere machen will, sollte leider weitgehend auf das Home Office verzichten oder zumindest andere Wege finden, so oft wie möglich vor den Augen seines Chefs aufzutauchen – selbst wenn er keine größeren Ambitionen hat. Sonst wird man nämlich zuerst übersehen und irgendwann im schlimmsten Fall für überflüssig gehalten.

30

Idioten werden eher Chef

Der beste Spieler ist noch lange kein guter Trainer

Bescheidenheit ist besser als Ehrgeiz, erst recht, wenn sie einhergeht mit gesunder Selbsteinschätzung. So wie bei Paul Werner, einer Figur in Gotthold Ephraim Lessings Lustspiel *Minna von Barnhelm*: »Mehr als Wachtmeister zu werden? Daran denke ich nicht«, sagt Werner an einer Stelle. »Ich bin ein guter Wachtmeister und dürfte leicht ein schlechter Rittmeister und sicherlich noch ein schlechterer General werden.« Erfrischend, diese Art von Demut. Und leider viel zu selten.

Die Unternehmensberatung Rochus Mummert fand im Jahr 2016 in einer Umfrage heraus: Nur jeder Dritte von 1 000 Deutschen fand seinen Chef fachlich geeignet. Und dem Engagement Index der US-Beratung Gallup zufolge sagt nur jeder fünfte Arbeitnehmer, dass die Führung, die er im Büro erlebt, zu hervorragender Arbeit motiviert. Vor den fatalen Folgen schlechter Chefs warnte schon der deutsche Militärhistoriker Carl von Clausewitz: »Nichts ist gewöhnlicher als Beispiele von Männern, die ihre Tätigkeit verlieren, sobald sie zu höheren Stellen gelangen, denen ihre Einsichten nicht mehr gewachsen sind.« Aber wenn diese Gefahr so bekannt ist: Warum landen in den verantwortungsvollen Positionen häufig Menschen, die mit dieser Aufgabe völlig überfordert sind?

Es lässt sich nicht mehr genau sagen, ob Lawrence Peter und Raymond Hull jemals Lessing oder Clausewitz gelesen haben. Doch im Jahr 1969 veröffentlichten die beiden kanadischen Autoren ein Buch, in dem sie sich indirekt auf die beiden deutschen Schriftsteller beriefen: In einer Hierarchie neige jeder Beschäftigte dazu, »bis zu seiner Stufe der Unfähigkeit aufzusteigen«, schrieben sie in ihrem Buch *Das Peter-Prinzip*. Ein gewiefter Verkäufer wird zum Gebietsleiter befördert, ist mit der Schreibtischarbeit aber überfordert. Ein gewissenhafter Sachbearbeiter steigt zum Abteilungsleiter auf, scheitert aber daran, Aufgaben zu delegieren. Mit anderen Worten: In einer Führungsposition landen beinahe zwangsläufig jene, die dort eigentlich nicht hingehören – eben weil die neue Position andere Fähigkeiten und Qualitäten erfordert, als der Aufsteiger mitbringt.

Angestellte mit gesunder Selbsteinschätzung merken genau, wenn sie nicht zum Chef geboren sind. Sie wissen, dass Führungsfähigkeiten etwas anderes sind als fachliche Qualifikationen. Sie können der Versuchung widerstehen, mehr Macht zu bekommen. Blender, Schleimer und Karrieristen hingegen nehmen jede Beförderung an, selbst wenn sie ihre Kompetenzen übersteigt. Flapsig formuliert: Idioten werden eher Chef. Und dieses Prinzip hat nichts von seiner Gültigkeit verloren. Im Gegenteil, wie Alan Benson von der Carlson School of Management im Jahr 2018 nachweisen konnte: »Bei Beförderungen achten Unternehmen auf die aktuelle Leistung und verzichten daher darauf, die besten Führungskräfte zu befördern.«

Benson kooperierte mit einem US-Unternehmen, dessen Software die Verkaufsleistung der Mitarbeiter auswertet. Es stellte Benson die Daten von 214 Kunden aus verschiedenen Branchen zur Verfügung, und zwar aus den Jahren 2005 bis 2011. In dieser Zeit wurden von insgesamt etwa 53 000 Beschäftigten 1 531 zur Führungskraft befördert. Und tatsächlich: In seiner Analyse entdeckte Benson einen Zusammenhang zwischen den Verkaufszahlen und einer Beförderung. Eine Verdopplung des Umsatzes erhöhte die Chance, zur Führungskraft ernannt zu werden, um mehr als 14 Prozent. Genau diese Methode erwies sich jedoch als fatal: Jene Angestellten nämlich, die ohne Personalverantwortung die besten Zahlen geliefert hatten, waren in der neuen Rolle offensichtlich überfordert – denn deren Untergebene schlugen sich nun plötzlich am schlechtesten. Mehr noch: Die besten Ergebnisse erzielten ausgerechnet jene Teams, deren Abteilungsleiter sich im Vergleich zu den anderen neuen Chefs zuvor schlechter geschlagen hatte.

Was man daraus lernen kann? Vor allem dieses: Unternehmen müssen eine Kultur etablieren, in der ein Experte ohne Personalverantwortung genauso hoch angesehen ist wie ein Teamleiter (und im Zweifel auch genauso viel verdient). Und sie müssen sich trauen, nicht automatisch die beste Fachkraft zu befördern – selbst wenn sie damit riskieren, dass diese das Unternehmen verlässt. Es ist ein wenig wie beim Fußball: Der beste Spieler ist selten der beste Trainer.

Manchmal hilft es auch, jemandem ehrlich zu sagen, wenn man ihn nicht für eine Führungsposition geeignet hält. Das mag bei dem Betroffenen kurzfristig für Enttäuschung sorgen, ist langfristig aber das Beste für alle Beteiligten. Denn nicht jeder ist so einsichtig wie der fiktive Wachtmeister Paul Werner.

Doch vor allem kann das Peter-Prinzip all jenen Trost spenden, die von ihrem Vorgesetzten drangsaliert oder von ihrer Geschäftsleitung sabotiert werden. Nehmen Sie es bloß nicht persönlich! Die Wahrscheinlichkeit ist hoch, dass auch Ihre Führungskraft im Grunde ihres Herzens unsicher, ängstlich und überfordert ist. Je weiter sich Ihr Chef von der Realität entfernt, desto ruhiger und realistischer sollten Sie werden – und sich schon mal nach Alternativen umsehen. Eine Enttäuschung ist eben immer auch das Ende einer Täuschung.

31

Intelligenz gefährdet die Gesundheit

Hochbegabte sind anfälliger für Probleme

Wer Außergewöhnliches vollbringt, ist alles außer gewöhnlich. Viele große Erfinder und Entdecker, Künstler und Komponisten, Maler und Musiker quälten sich ein Leben lang mit psychischen Beeinträchtigungen. Der Mathematiker und Spieltheoretiker John Forbes Nash litt unter Schizophrenie, Vincent van Gogh an Epilepsie, und das Universalgenie Isaac Newton befand sich ständig am Rande des Nervenzusammenbruchs. Ist hohe Intelligenz vielleicht mehr Bürde als Bonus?

Tatsächlich hat der Intelligenzquotient (IQ) einen geradezu mythischen Ruf, die entsprechenden Tests sind ebenso beliebt wie umstritten. Schon seit Jahrzehnten streiten Experten darüber, ob der IQ im späteren Leben eine Rolle spielt – und wenn ja, welche. Es gibt Dutzende Untersuchungen, die einen Zusammenhang zwischen dem Testergebnis einerseits und Schulnoten, Einkommen oder gar Lebensdauer andererseits nahelegen. Deshalb wünschen sich Eltern hochbegabte Kinder, schicken sie im Kindergartenalter zur musikalischen Früherziehung oder melden sie auf teuren Privatschulen an. Studierende wären gerne so schlau wie die Jahrgangsbesten, Arbeitnehmer hätten gern für jedes Problem eine kluge Lösung. Manchmal hilft es ja auch. Aber manchmal auch nicht. Denn tatsächlich ist ein hoher IQ für viele Hochbegabte nicht Segen, sondern Fluch. Wo viel Sonne ist, da ist der Schatten nie weit. Keine Frage, Hochintelligente besitzen einzigartige Fähigkeiten. Aber die können sowohl hinreißend als auch hinderlich sein.

Darauf lässt auch eine Studie von Ruth Karpinski schließen. Die Psychologin vom Pitzer College in Kalifornien gewann dafür 3 715 Mitglieder der US-amerikanischen Mensa-Vereinigung. In diesem Club haben sich Hochintelligente zusammengeschlossen, die in IQ-Tests besser abschneiden als 98 Prozent aller anderen Menschen – in Deutschland wäre das ein IQ von mindestens 130. Seit der Gründung stellen sich die Vereinsmitglieder für wissenschaftliche Zwecke zur Verfügung. Karpinskis Probanden zwischen 18 und 91 Jahren sollten ihr sagen, ob ein Arzt bei ihnen jemals körperliche oder geistige Probleme diagnostiziert hatte. Angststörungen, ADHS, Depressionen, aber auch Allergien, Asthma oder Autoimmunkrankheiten. Dann verglich die Psychologin die Angaben mit repräsentativen Daten des National Institutes of Health, einer Behörde des US-Gesundheitsministeriums. Und dabei entdeckte Karpinski: So gut wie jedes körperliche oder seelische Problem war in der Gruppe der Befragten häufiger als beim Rest der Bevölkerung. Unter Angststörungen leiden zehn Prozent der Normalbegabten, bei den Mensa-Mitgliedern waren es 20 Prozent. Knapp zehn Prozent leiden unter chronischen Stimmungsschwankungen, unter den Hochbegabten waren es 27 Prozent. Asthma kam in der Mensa-Gruppe ebenfalls doppelt so häufig vor, Allergien gar drei Mal mehr. Wie kann das sein?

Der polnische Psychiater Kazimierz Dąbrowski prägte bereits in den Sechzigerjahren den Begriff »overexcitability«, was so viel heißt wie Übererregbarkeit. Er beobachtete in Langzeitstudien hochbegabte Schüler: Sie hatten zwar einen überdurchschnittlich wachen Geist. Aber diese Aufmerksamkeit, meinte Dąbrowski, steigert die körperliche wie seelische Anfälligkeit. Was sich etwas esoterisch anhört, ist in der Medizin mittlerweile durchaus anerkannt. Die entsprechende Fachrichtung nennt sich Psychoneuroimmunologie und beschäftigt sich damit, wie die Psyche mit dem Nerven- und Immunsystem zusammenarbeitet. Inzwischen ist zum Beispiel bekannt, dass Botenstoffe des Nervensystems auf das Immunsystem wirken – und umgekehrt.

Karpinski vermutet daher, dass besondere Begabung einhergeht mit besonderer Sensibilität: »Personen mit hoher Intelligenz sind einem deutlich höheren Risiko für psychische Störungen und körperliche Erkrankungen ausgesetzt.«

32

Introvertierte wollen nicht auf den Chefsessel

Die Aussicht auf eine Führungsposition löst Angst und Stress aus

Ich muss Ihnen etwas erzählen, zum Glück sind wir unter uns. Mir ist nämlich etwas aufgefallen, das mir keine Ruhe lässt: Ich fürchte, dass ich mich zum Sonderling entwickele. Lassen Sie es mich an einem Beispiel erklären.

Auf eine Bühne zu treten, bereitet mir überhaupt keine Probleme. Im Gegenteil: Ich fühle mich im Scheinwerferlicht so wohl wie ein Fisch im Wasser, egal ob fünf oder 500 Leute zugucken. Aber sobald ich bei einer beruflichen Veranstaltung oder privaten Party einen Raum betrete, in dem sich mehr als fünf Menschen aufhalten, fühle ich mich schlagartig unwohl und weiß nicht, wohin mit mir. Ich stand immer schon lieber an der Theke als auf der Tanzfläche. Wenn mir nichts Besseres einfällt, verziehe ich mich in solchen Momenten in eine stille Ecke, zücke das Smartphone aus der Hosentasche und wische ein wenig auf dem Display herum, um Geschäftigkeit zu simulieren.

Angeblich werden Menschen mit steigendem Lebensalter etwas merkwürdig. Sind das schon die ersten Warnzeichen der präsenilen Phase? Oder bin ich einfach nur introvertiert? Und falls ja: Wäre das wirklich so schlimm?

Der Psychoanalytiker Carl Gustav Jung bezeichnete bereits in den Zwanzigerjahren Menschen, die ihre Energie und Kreativität eher aus dem Alleinsein ziehen und ihre Gedanken wie ihre Gefühle lieber für sich behalten, als introvertiert. Wörtlich übersetzt bedeutet das so viel wie »nach innen gerichtet«, vom lateinischen »intro« (hinein) und »vertere« (wenden). Daran ist natürlich erstmal nichts auszusetzen. »Jeder Jeck is' anders«, sagen die Menschen in meiner Heimatstadt Köln.

Allerdings haben introvertierte Charaktere in der Berufswelt des 21. Jahrhunderts erhebliche Nachteile. Sie passen nicht zum Idealbild des modernen Büroarbeiters, der sich im Großraum wohlfühlen und auf Branchentreffen geschmeidig netzwerken soll; der Small Talk spielerisch beherrscht und im Vorstellungsgespräch auch die frechsten Fragen schlagfertig und spontan pariert. »Wir leben in einem Wertesystem, das vom Ideal der Extraversion geprägt ist«, sagt die ehemalige Anwältin und bekennende Introvertierte Susan Cain. In ihrem Buch *Still* widmete sie sich im Jahr 2013 der »Kraft der Introvertierten« und schaffte es damit auf die *New York Times*-Bestsellerliste. Ihr Vortrag bei der US-Ideenkonferenz TED wurde inzwischen mehr als 20 Millionen Mal angeschaut. Es scheint also einen großen Bedarf zu geben nach Erklärungen, wie die Persönlichkeit das Leben prägt – und warum es im Chefzimmer mehr Rampensäue gibt als Mauerblümchen.

Auf den ersten Blick klingt das völlig logisch. Gesprächige, durchsetzungsstarke und kontaktfreudige Menschen verhandeln mit Kunden cleverer, vermarkten ihre Großtaten geschickter und verkaufen Produkte überzeugender. Aber das ist nur die halbe Wahrheit. Zur anderen Hälfte gehört, dass viele zurückhaltende Menschen freiwillig auf eine Führungsposition verzichten – weil sie sich vor der Aufmerksamkeit fürchten, die sich aus der Rolle ergibt.

Darauf deutet zumindest ein Experiment von Andrew Spark hin. Der Doktorand an der Queensland University of Technology im australischen Brisbane stellte knapp 200 Personen, Männer wie Frauen, zunächst ein paar Fragen zu ihrer Persönlichkeit. Waren sie mitteilsam und entschlossen, furchtlos und forsch – oder eher unsicher, still und verschlossen? Im zweiten Schritt sollten sie sich vorstellen, eine Führungsposition zu ergattern. Wie fühlte sich das an – gut oder schlecht? Löste die Aussicht auf die Chefrolle Angst oder Vorfreude aus, Nervosität oder Gelassenheit, Stress oder Gelöstheit?

Zuletzt sollten die Testpersonen in Dreier- und Viererteams eine Gruppenübung der US-Raumfahrtbehörde Nasa absolvieren. Darin simulieren die Spieler eine verunglückte Mondlandung, nur durch kluge Entscheidungen kann die Gruppe überleben. Spark interessierte sich vor allem für eine Frage: Welche Personen waren zum Anführer geworden – und wer war ein unauffälliger Mitläufer geblieben? Das Ergebnis: In die Chefrolle geschlüpft waren vor allem jene Probanden, die sich zuvor als extrovertiert eingeschätzt und die eine Führungsrolle mehr als Ansporn denn als Abschreckung empfunden hatten. Und wer hatte sich unauffällig verhalten? Jene Probanden, die sich als introvertiert eingeschätzt hatten. Mehr noch: Sie hatten den Gedanken an eine Führungsposition eher mit negativen Gefühlen wie Angst, Stress und Nervosität assoziiert. Offenbar scheuen introvertierte Personen eine Führungsposition gar nicht deshalb, weil sie sich vor der Verantwortung drücken wollen oder sich die Tätigkeit inklusive der damit verbundenen Aufgaben intellektuell nicht zutrauen – sondern weil sie die damit verbundene Rolle abschreckt.

Andrew Spark findet das Ergebnis durchaus besorgniserregend. Denn es gebe viele Situationen im Unternehmensalltag, in denen introvertierte Führungskräfte von Vorteil seien. Sicher, sie sind rhetorisch nicht so leidenschaftlich wie ihre extrovertierten Artgenossen; sie werben nicht so passioniert um Geld bei Investoren, sie reißen die Angestellten nicht so mit. Aber sie haben unschätzbare Vorteile: Sie beobachten, anstatt immer gleich zu handeln. Sie hören auf Anregungen aus der Belegschaft, anstatt immer nur die eigenen Ideen zu loben. Und weil sie lieber im Zuschauerraum sitzen als im Rampenlicht stehen, lassen sie talentierten Mitarbeitern gerne den Vortritt. Wer wirklich überlegen ist, muss nicht immer im Vordergrund stehen.

33

Es lebe die Komfortzone

Sie müssen nicht permanent Ihre Grenzen überwinden

Ich bin vergleichsweise schwer aus der Ruhe zu bringen, aber möglich ist es doch. Sie müssen mir nur einen Satz vortragen:»Das Leben beginnt am Ende deiner Komfortzone.«

Ich. Kann. Es. Nicht. Mehr. Hören.

Tatsächlich hat der Begriff»Komfortzone« in den vergangenen Jahrzehnten eine erstaunliche Karriere hingelegt. Doch bedauerlicherweise hat er sich in deren Verlauf in eine völlig andere Richtung entwickelt als von seinen Urhebern beabsichtigt. Mehr noch: Er hat inzwischen auch eine heikle Eigendynamik angenommen.

An dieser Stelle eine kurze Zeitreise. Zu Beginn des 20. Jahrhunderts machte die Erforschung des Arbeitsplatzes erhebliche Fortschritte. Heizungen, Lüftungen und Klimaanlagen ermöglichten es, Büros und Fabrikhallen individueller zu temperieren. Aber wie genau sah das optimale Arbeitsklima aus? Das fragten sich auch zwei US-amerikanische Wissenschaftler, weshalb sie die Labore des Berufsverbandes der Heizungs- und Lüftungsbauer unterschiedlichen Bedingungen aussetzten. Und dabei kamen sie zu dem Ergebnis, dass sich die Menschen bei einer Temperatur um die 20 Grad Celsius am wohlsten fühlten. Heute ist das keine Raketenwissenschaft mehr, damals war es revolutionär – denn bis dahin hatte kein Fabrikbesitzer oder Unternehmer darüber nachgedacht, dass sich die Raumluft in irgendeiner Art und Weise auf den Fleiß der Arbeiter auswirken würde. Doch nun schwante den Forschern, dass das buchstäbliche Klima am Arbeitsplatz unmittelbare Folgen für die Produktivität und Motivation haben könnte.

Um das noch einmal klar zu sagen: Die Wissenschaftler plädierten dafür, die Angestellten innerhalb ihrer Komfortzone werkeln zu lassen – zumindest im Hinblick auf die klimatischen Bedingungen. Aber genau diese Zone sollen wir heute möglichst oft verlassen. Wer dort gerne verharrt, der gilt wahlweise als phlegmatisch, apathisch und lethargisch, fortschrittsfeindlich, feige und faul. Selbst der Duden versteht unter der Komfortzone den »von Bequemlichkeit und Risikofreiheit geprägten Bereich des privaten oder gesellschaftlichen Lebens«.

Und das haben wir auch dem US-amerikanischen Psychologen Robert Yerkes zu verdanken. In Experimenten zusammen mit seinem Kollegen John Dodson setzte er Mäuse im Labor verschiedenen Situationen aus. Um den Lernprozess zu beschleunigen, bekamen sie unterschiedlich schmerzhafte Stromstöße. Und tatsächlich: Ein kleiner Schlag führte schneller zum Erfolg als gar kein Impuls – vor allem bei sehr simplen Aufgaben. Ein zu heftiger Schock war allerdings auch nicht gut, vorsichtig formuliert. Yerkes und Dodson drückten es so aus: »Bis zu einem gewissen Punkt verbessern Angstzustände die Leistungsfähigkeit, aber darüber hinaus sind sie kontraproduktiv.« Wenn sich die Nagerchen hochgradig unwohl fühlten und gestresst waren, sprich: wenn sie weit außerhalb ihrer Komfortzone unterwegs waren, dann versagten sie.

Trotzdem gilt das Verlassen dieser Zone als Bedingung für persönliches Wachstum, kitschige Aphorismen gibt es im Überfluss. »Mache täglich etwas, das dich ängstigt«, soll die US-amerikanische First Lady Eleanor Roosevelt gesagt haben. Und vom brasilianischen Bestsellerautor Paulo Coelho ist folgende Lebenslektion überliefert: »Wenn du denkst, Abenteuer sind gefährlich, dann versuch's mal mit Routine. Die ist tödlich.« Die Botschaft ist klar: Ängste und Unwägbarkeiten sollen uns nicht davon abhalten, Ziele und Träume zu verfolgen. Wer immer nur auf bekannten Pfaden geht, lernt nie einen neuen Weg kennen. Und es stimmt durchaus: Um zu wachsen und zu lernen, müssen wir uns mitunter selbst fordern oder gefordert werden. Aber ist das Verlassen der Komfortzone tatsächlich eine langfristige Bedingung für außergewöhnliche Leistung?

Das fragte sich im Jahr 2013 auch Martin Corbett, Managementforscher an der britischen University of Leicester. Deshalb wertete er für seine Metastudie Dutzende von Arbeiten aus, die sich in den vergangenen Jahrzehnten mit dem Zusammenhang zwischen Wohlbefinden und Leistungsfähigkeit auseinandergesetzt hatten – und kam zu einem ernüchternden Ergebnis: »Die angeblichen Vorteile, die mit dem Verlassen der Komfortzone verbunden sind«, schrieb Corbett, »sind illusorisch und empirisch haltlos.« Ganz im Gegenteil: Sämtliche Forschung weise darauf hin, dass permanente Überforderung langfristig genau gar nichts bringt.

Deshalb taugt die Behauptung, dass das Leben erst jenseits der Komfortzone beginnt, herzlich wenig. Zum einen, weil sie das Leben innerhalb der Komfortzone diskreditiert – und dadurch all jene diffamiert, die sich vor Veränderungen fürchten. Zum anderen, weil sie die Notwendigkeit der Regeneration ignoriert.

Der Wunsch nach Vertrautem dient der Stabilisation, kann gleichzeitig aber auch zur Stagnation führen. Es empfiehlt sich auch hier der gesunde Mittelweg. Ja, es ist mitunter sinnvoll, Neues zu wagen, Ängste zu überwinden und Risiken einzugehen. Dennoch sollten wir immer wieder in die Komfortzone eintauchen, um Kraft für den Alltag zu sammeln. Auch der beste Sportler liegt bisweilen auf der faulen Haut. Und selbst der stärkste Motor kann nicht immer Vollgas geben.

34

Konkurrenz fördert die Kreativität
Die besten Ideen entstehen im gesunden Wettbewerb

Vor einigen Jahren wollte der IT-Konzern IBM von mehr als 1500 Führungskräften aus 60 Ländern und 33 Branchen wissen, welche Eigenschaft für Manager künftig entscheidend sei. Disziplin? Durchhaltevermögen? Fleiß? Nichts dergleichen. Auf Platz eines landete: Kreativität.

Bei diesem Wort denken manche Menschen gerne an außergewöhnliche Genies. An Schriftsteller wie Johann Wolfgang von Goethe, Komponisten wie Johann Sebastian Bach oder Wissenschaftler wie Albert Einstein. »Kreativität«, sagt denn auch die Organisationsforscherin Teresa Amabile von der Harvard Business School, »hat für die meisten Menschen eine fast magische Anziehungskraft.«

Und nicht nur das. Einfallsreichtum ist inzwischen ein Wirtschafts- und Karrierefaktor. In der Wissensgesellschaft entscheiden über den Erfolg von Personen wie Unternehmen nicht mehr die größten Muskeln, sondern die besten Ideen. Die Frage ist bloß: Lässt sich Kreativität durch gewisse Umstände fördern – und wenn ja, wie?

Diese Frage debattieren Kreativitätsforscher bereits seit Jahrzehnten leidenschaftlich. Vereinfacht gesagt teilen sie sich in zwei Lager. Die meisten Psychologen sagen: Es kommt auf die innere Motivation an! Lasst die Menschen in Ruhe arbeiten! Ideen kommen von allein! Viele Ökonomen wiederum halten dagegen und sind davon überzeugt, dass ein gewisses Maß von Wettbewerb sein muss, um den Menschen gewissermaßen einen Anreiz zu bieten, sich überhaupt Gedanken zu machen.

Auch die entsprechenden Labortests lieferten bislang ein gemischtes Bild – bis Daniel Gross von der Harvard Business School im Jahr 2018 seine Studie veröffentlichte. Und darin stellt der Assistenzprofessor für Betriebswirtschaftslehre die bisherigen Ergebnisse auf den Kopf. Mehr Konkurrenz hat demnach zwei widersprüchliche Folgen – bis zu einem gewissen Punkt fördert sie die Kreativität, ab einem gewissen Punkt zerstört sie sie.

Für seine Untersuchung beobachtete Gross das Geschehen auf einem Online-Marktplatz für Designer. Das Geschäftsmodell der Plattform funktioniert wie folgt: Jede Woche suchen Einzelpersonen oder Unternehmer dort einen Grafiker, der ihre Idee umsetzt – etwa für Firmenlogos, Buchcover oder Produktverpackungen. Der Ablauf ist immer gleich. Der Auftraggeber beschreibt seine Idee so ausführlich wie möglich, die Designer machen sich ans Werk und präsentieren irgendwann ihre Ideen, der Auftraggeber entscheidet sich für einen Entwurf – und nur der wird auch bezahlt. Das Besondere ist: Einerseits können die Kunden den Künstlern Feedback in Form von Sternen geben. Die Künstler wiederum sehen ihrerseits eine Reihe von Entwürfen (aber nicht, wie diese vom Auftraggeber bewertet wurden).

Gross analysierte insgesamt 122 Ausschreibungen von September bis November 2013, an dem sich insgesamt 4050 Designer beteiligten. Im Schnitt gab es eine Prämie von 250 Dollar. Als er sich die Daten genauer ansah, bemerkte er: Konkurrenzkampf wirkte sich erheblich auf die Designer aus. Ohne jegliche Wettbewerber neigten sie dazu, Feedback der Kunden anscheinend nicht richtig ernst zu nehmen – denn wenn der Auftraggeber Verbesserungsvorschläge hatte, orientierten sie sich bei der Revision an ihrem ersten Entwurf. Offenbar sahen sie keinen Anlass, sich Mühe zu geben. Tummelten sich jedoch noch mehrere Designer in einer Ausschreibung, spornte das an: Die zweiten Entwürfe waren durchweg kreativer als die ersten. Die höchsten Noten gab es dann, wenn die Künstler noch genau einen Konkurrenten hatten, der ähnlich gutes Feedback bekommen hatte. »Intrinsische Motivation ist sicher kostbar«, sagt Gross, »aber hohe Anreize können den Einfallsreichtum ebenfalls fördern.«

35

Korrekturen sind besser als Makellosigkeit

Haben Sie Mut zur Lücke

In gewissen Berufen ist Perfektion Kernkompetenz. Bombenentschärfer oder Hirnchirurgen zum Beispiel sollten ein Faible für Feinarbeit haben, Fluglotsen sollten lieber genau hinsehen, wann sie welches Flugzeug wohin platzieren. Ein Fehler, und schon ist alles aus. Aber auch manche Büroarbeiter haben sich der Perfektion verschrieben. Verständlich, einerseits. Niemand lässt sich gerne Inkompetenz, Schusseligkeit oder Stümperei nachsagen. Deshalb liest der eine mehrmals über die Präsentation für den Vorstand, der andere probt die Rede vor den Investoren lieber noch ein zehntes Mal.

Dabei lassen sich andererseits viele Ausrutscher korrigieren, ohne dass gleich jemand sein Leben, seinen Arbeitsplatz oder seinen Ruf verliert. Und diese Gewissheit ist nicht nur beruhigend, sondern lässt sich mitunter auch für das eigene Ansehen nutzen. Denn tatsächlich ist es ein großer Fehler, keine Fehler machen zu wollen. Manchmal vertrauen andere uns sogar mehr, wenn wir zwischendurch irren. Zumindest solange wir den Mangel beheben.

Sehen wir uns zwei konkurrierende Firmen an. Die eine setzt traditionell immer schon auf hochwertige Zutaten, das ist bekannt. Die andere wirbt ebenfalls mit ihrer Qualität, hatte jedoch erst vor kurzem einen Fall, bei dem – offenbar versehentlich – minderwertigere Produkte verwendet wurden. Dieser Fehler wurde von der Firma selbst entdeckt und sogleich korrigiert. Welcher Firma würden Sie eher trauen, in Zukunft ausschließlich auf hochwertige Zutaten zu setzen?

Anders gefragt: Wem trauen wir eher zu, ein Ziel zu erreichen? Den scheinbar perfekten Individuen und Organisationen? Oder jenen, denen zwar Missgeschicke widerfahren, die diese aber umgehend bemerken und sicherstellen, dass der Fauxpas nicht mehr vorkommt? Was ist besser: Fehler gar nicht erst zu machen – oder sie schlimmstenfalls sofort zu korrigieren? »Die Korrektur eines Fehlers schindet mehr Eindruck als der Anspruch, Fehler komplett zu vermeiden«, sagt Daniella Kupor.

Zu diesem Resultat gelangte die Psychologin von der Questrom School of Business der Boston University in einer 2018 veröffentlichten Studie. Dafür konfrontierte sie mehrere Hundert Teilnehmer in insgesamt sechs Experimenten mit verschiedenen Szenarien. Mal erfuhren sie von zwei Firmen, die bei der Herstellung ihres Speiseeises ausschließlich hochwertige Vanilleschoten verwenden wollten. Doch während die eine nach Makellosigkeit strebte, hatte der Zulieferer der anderen aus Versehen minderwertige Schoten geliefert. Das wollten die Verantwortlichen aber umgehend ändern – versprochen.

Wem die Probanden eher zutrauten, das Ziel der Qualitätsproduktion langfristig am ehesten zu erreichen? Jener Firma, die den Fehler begangen, aber berichtigt hatte. Ein anderes Mal sollten die Testpersonen angeben, wie vertrauenswürdig sie einen Arzt fanden. Und siehe da: Wenn er bei seinen Instrumenten aus Versehen geschludert, gleichzeitig aber Besserung gelobt hatte, hielten sie ihn für zielstrebiger als einen Mediziner mit blütenreiner Weste.

Die Studie wirkt zunächst verstörend. Wäre es nicht logischer, jenen Personen oder Organisationen zu trauen, die nach Perfektion streben? Wieso wirken jene vertrauenswürdiger und zielstrebiger, die Fehler begehen? Kupor zufolge liegt das am Charme der Korrektur: Wer einen Fehler berichtigt, wirkt umso bemühter und ehrgeiziger – denn er steht nicht nur zu seiner Fehlbarkeit. Er sorgt außerdem aktiv dafür, dass sich etwas verändert, von »falsch« zu »richtig«. Wer hingegen einfach nur keinen Fehler macht, der mag sich vielleicht anstrengen. Aber er lässt ja einfach alles so, wie es ist. Deshalb billigt ihm der Betrachter weniger Anstrengung zu, selbst wenn er ihm damit unrecht tut. Und weil Menschen nun mal glauben, dass größere Mühe die Erfolgswahrscheinlichkeit erhöht, kommen sie zu dem Ergebnis, dass Korrektoren eher ans Ziel kommen als Perfektionisten.

Nun haben die USA traditionell eine andere Haltung zu Fehlern als Deutsche oder Asiaten, insofern ist das Fazit der Studie auch ein kulturelles. Doch grundsätzlich ist der Trend, dass Scheitern auf größeres Verständnis stößt, ja durchaus zu begrüßen.

Das heißt nun aber auch nicht, dass Sie sich im Büro aufführen soll-ten wie der berühmte Elefant im Porzellanladen. Kupor konnte die Beob-achtung nur unter gewissen Bedingungen machen – etwa bei kleineren Fehlern, nicht bei katastrophalen; wenn der Schuldige seinen Missgriff zeitnah korrigierte anstatt abzuwarten; oder wenn das Versehen nicht ab-sichtlich oder aus offenkundiger Inkompetenz geschah. Aber letztlich ist die Botschaft der Studie eine tröstliche, schreibt Kupor: »Menschen und Organisationen müssen nicht immer befürchten, dass ihre Fehler andere dazu bringen, sie als unzuverlässig und undiszipliniert anzusehen.«

Kreativität braucht Chaos

Unordentliche Büros regen die Fantasie an

Wer daran zweifelt, dass die westliche Industriegesellschaft im Überfluss lebt, der sei an Marie Kondo erinnert. Die Japanerin brachte 2011 ein Buch auf den Markt, das zwei Jahre später auch in Deutschland erschien: *Magic Cleaning – Die lebensverändernde, pulsierende Magie des Aufräumens.* In ihrer Heimat verkaufte sich das Werk 1,3 Millionen Mal, insgesamt wurde es in 40 Sprachen übersetzt. Dabei ist die Botschaft des Buchs vergleichsweise banal. Die selbst ernannte Aufräumtrainerin erklärt darin, wie Menschen Ordnung schaffen können. Der erste Schritt ihrer Methode besteht darin, all seine Besitztümer wortwörtlich in die Hand zu nehmen und auf die Reaktionen des Körpers und der Seele zu achten: »Was Erfüllung bringt und uns glücklich macht, behalten wir«, schreibt Kondo, »was keine Erfüllung bringt, werfen wir weg.«

Man kann das wahlweise albern finden oder esoterisch, aber eines muss man neidlos anerkennen: Kondo hat aus einem Luxusproblem der Überflussgesellschaft – wohin nur mit diesem ganzen Zeug?! – ein einträgliches Geschäftsmodell gemacht. Das Streamingportal Netflix gab ihr eine eigene Sendung, im Englischen wurde ihr Nachname zum Verb: to kondo heißt so viel wie »radikal aufräumen«.

Schade eigentlich, dass die Japanerin Georg Christoph Lichtenberg nie kennenlernen konnte. Die beiden hätten sich prächtig verstanden. »Ordnung führet zu allen Tugenden«, sagte der deutsche Mathematiker einst. Eine Maxime, die in der Unternehmenslandschaft derzeit schwer angesagt ist.

Der Schreibtisch ist längst mehr als eine holzgewordene Visitenkarte. Aktenstapel, Kaffeetassen und Zeitungsberge signalisieren mangelnde Disziplin und Überforderung. Im Zeitalter der Clean Desk Policy sollen die Angestellten abends einen derart sauberen und sterilen Arbeitsplatz hinterlassen, dass sich darauf am folgenden Tag zumindest theoretisch ein Herz transplantieren ließe.

Damit wir uns richtig verstehen: Es geht hier nicht um ein Plädoyer für innenarchitektonische Anarchie. Aber wahr ist eben auch, dass wir uns ruhig ein wenig Durcheinander gönnen sollten. Und das nicht nur, weil wir die Zeit, die wir mit Aufräumen verbringen, in Wahrheit sinnvoller nutzen können. Sondern weil dosierte Unordnung messbare Vorteile hat: Sie fordert das Gehirn und befördert unkonventionellere Gedanken.

Das belegte vor einigen Jahren auch eine Studie von Kathleen Vohs, Psychologieprofessorin an der Carlson School of Management (University of Minnesota). Zusammen mit ihrem Team präparierte sie zunächst zwei Räume. Im einen verteilten die Forscher Bücher und Blätter quer durchs Zimmer und über den Schreibtisch, im anderen sortierten und stapelten sie alles fein säuberlich in Regalen. Nun verteilte Vohs 48 Freiwillige auf die beiden Räume und reichte ihnen einen Kreativitätstest. Dabei sollten sich die Teilnehmer vorstellen, wofür sich ein Tischtennisball noch so alles nutzen ließe. Zwar schrieben beide Gruppen eine ähnliche Anzahl von Ideen auf – ein Indiz dafür, dass sie sich gleich viel Mühe gaben. Im Anschluss bewerteten unabhängige Beobachter den Einfallsreichtum. Und siehe da: Die Gruppe aus dem Chaos-Zimmer bekam viel höhere Punktzahlen. Mehr noch: Sie hatte fünf Mal mehr Geistesblitze, die die Juroren als »überaus kreativ« empfanden, als jene im ordentlichen Raum. Anscheinend ist der Mensch tatsächlich das Produkt seiner Umgebung.

Insofern sind saubere, ordentliche Räume durchaus sinnvoll – wenn man die Angestellten dazu bringen will, diszipliniert zu sein, fehlerfrei zu arbeiten und sich tadellos zu benehmen. Braucht man jedoch Querdenker, Innovatoren und Disruptoren, dann empfiehlt sich eine Portion kontrolliertes Chaos.

Vohs versteht ihre Studie aber ausdrücklich nicht als Aufruf zum Messietum. Vielmehr sei es verständlich und von Vorteil, ein gewisses Maß an Durcheinander zuzulassen. Letztlich muss jeder selbst herausfinden, wie viel Unordnung gut für ihn ist (und wie viel er seinen Kollegen zumuten kann). Und falls der Vorgesetzte doch für einen klinisch reinen Arbeitsplatz plädieren sollte, dann erzählen Sie ihm von der Vohs-Studie. Und kontern Sie mit einem hübschen Spruch von Albert Einstein: »Wenn ein unordentlicher Schreibtisch ein Zeichen für einen überladenen Geist ist, wofür steht dann ein leerer Schreibtisch?«

37

Kündigungen aus Frust rächen sich

Suchen Sie erst etwas Neues, bevor Sie hinschmeißen

Es gibt diese Tage, die schwach anfangen und dann stark nachlassen. Zuerst standen Sie morgens im Stau, dann sabotierte Ihr Vorgesetzter Ihre schönen Ideen, die Kollegen waren unfähig, die Kunden undankbar. Da ist es normal, sich am Feierabend vor allem eine Frage zu stellen: Wie lange kann, will, muss ich mir das noch antun?

Kein Wunder, dass es uns in solchen Momenten buchstäblich in den Fingern juckt. Wäre es nicht das Beste für alle Beteiligten, sich spontan an den Rechner zu setzen und die Tastatur zur Eigentherapie zu nutzen? Dem Vorgesetzten nicht nur die üblichen Standardfloskeln zu widmen von wegen »Suche nach neuer Herausforderung«, sondern die ungeschönte Wahrheit? Dass das Leben zu kurz ist für miese Jobs und schlechte Chefs? Dass man so nicht länger arbeiten wird?

In der Tat, es klingt reizvoll: Man nimmt all seinen Mut zusammen, klopft an die Tür der Führungskraft, sie ruft »Herein«, wir öffnen die Tür und …. zack: Knallen wir ihr die Kündigung auf den Tisch. Umso schöner ist es, wenn sie uns in den nächsten Wochen ganz dringend braucht. Wenn das neue Projekt ohne uns niemals funktioniert oder der wichtigste Kunde dann verprellt ist. Soll der Boss doch sehen, wie er ohne uns klar kommt!

An dieser Stelle endet der schöne Traum leider. Denn was sich theoretisch nach dem ultimativen Befreiungsschlag anhört, entpuppt sich praktisch häufig als veritables Eigentor. So bitter es auch ist: Eine Kündigung aus reinem Frust und ohne neue Alternative ist keinesfalls die Lösung, sondern häufig erst das Problem. Wenn Sie schon hinschmeißen, dann sollten Sie bereits einen neuen Job in Aussicht haben.

Diese Ansicht vertritt auch Jason Faberman. Der Ökonom von der Federal Reserve Bank of Chicago wertete eine Studie aus, für die etwa 1300 Amerikaner Angaben zu ihrer beruflichen Situation gemacht hatten. Und fand heraus: Erwerbstätigen fiel die Jobsuche leichter als Arbeitslosen. Sie bekamen nicht nur häufiger ungefragt Angebote von Arbeitgebern oder Headhuntern, mussten sich also selbst weniger anstrengen. Die entsprechenden Offerten waren sogar bis zu 48 Prozent höher dotiert.

Die Nachteile der Arbeitslosen bei der Jobsuche können laut Faberman vor allem vier unterschiedliche Ursachen haben. Erstens könnten sich Personalverantwortliche denken: Die Person wird doch nicht grundlos arbeitslos sein – und den entsprechenden Bewerber automatisch kritischer beäugen. Zweitens befürchteten sie womöglich, dass die Fähigkeiten des Aspiranten unter seiner Arbeitslosigkeit gelitten hätten und daher weniger wert seien. Drittens seien Erwerbslose in einer schlechteren Verhandlungsposition – und mitunter gezwungen, das erste Angebot anzunehmen, ohne mehr Gehalt herauszuhandeln. Und viertens funktionieren in der arbeitslosen Zeit ihre Netzwerke weniger gut.

Fabermans Studie ist ein Appell, eine Kündigung reiflich zu überlegen. Ganz gleich, wie unfair der Chef, wie unfähig die Kollegen oder wie unflätig die Kunden: Widerstehen Sie dem Fluchtimpuls – und machen Sie aus »Weg von« ein »Hin zu«.

Ein weiterer Tipp: Schreiben Sie die Kündigung ruhig nieder, gerne auch mit vielen Emotionen – und legen Sie den Zettel dann erst einmal weg. Ein paar Tage später lesen Sie sich Ihre Zeilen noch mal durch. Vermutlich erkennen Sie nun, dass der kurze Auftritt den ganzen Ärger nicht wert ist. Die besten Entscheidungen trifft man nicht mit heißem Herz, sondern mit kühlem Kopf.

Ein bisschen Lärm muss sein

Warum das Großraumbüro auch Vorteile hat

Vor einigen Jahren wollte mein Arbeitgeber umbauen. Einzelbüros sollten, abgesehen von wenigen Ausnahmen, abgeschafft werden. Die einen Kollegen sollten sich fortan ein Doppelzimmer teilen, die anderen an Sechsertischen im Großraum sitzen. Auf die Gefahr hin, dass ich mich nun schrecklich unbeliebt mache, aber: Ich fand das gar nicht so schlimm.

Gut, dann würde ich mir eben ein Büro mit einem oder mehreren Kollegen teilen. Aber erstens waren die ebenfalls keine unerträglichen Plaudertaschen, zweitens gab es für wichtige Telefonate Ruheräume und drittens konnte ich zur Not immer noch lärmreduzierende Kopfhörer aufsetzen. Der Rest der Belegschaft reagierte, sagen wir: weniger gelassen. Tatsächlich führten die innenarchitektonischen Vorstellungen der Firmenleitung zu einem riesengroßen Aufschrei. Monatelang gab es Arbeitsgruppen, die verschiedene Konstellationen entwarfen und wieder verwarfen. Man konnte während dieses Prozesses fast den Eindruck gewinnen, als sei eine Tätigkeit, die außerhalb eines Einzelbüros stattfindet, nahezu menschenverachtend und absolut unzumutbar. Am allermeisten aber stießen sich die Menschen daran, dass viele fortan im Großraumbüro arbeiten sollten.

Dieses Wort ist der Albtraum vieler Angestellter – vor allem aus drei Gründen. Erstens sind Menschen veränderungsresistent. Wer jahrelang in einem gemütlichen Einzelbüro sitzen und sich dort jederzeit so aufführen durfte, wie es ihm gerade beliebte, der würde das gerne so beibehalten. Eng damit verbunden ist zweitens die Verlustangst. Ein Einzelzimmer ist eben elitärer und luxuriöser als ein Doppelzimmer oder gar ein Platz im Großraum – so viel Entfaltungsraum haben sonst nur wichtige Führungskräfte. Und drittens glaube ich, dass die Aversion auf einem eklatanten Missverständnis beruht. Es muss nicht zugehen wie beim Rockkonzert. Aber das Ambiente eines Schweigeklosters ist auch nicht nötig.

Ja, es gibt Dutzende von Untersuchungen, die in der Vergangenheit auf einen Zusammenhang zwischen der Arbeit im Großraum und der Kommunikation der Mitarbeiter verwiesen. Die beiden Harvard-Forscher Ethan Bernstein und Stephen Turban zum Beispiel resümierten in einer im Jahr 2018 veröffentlichten Studie: Nach dem Umzug ins Großraumbüro sinkt die Kommunikation von Angesicht zu Angesicht rapide, während die Konversationen via E-Mail und Messenger-Dienste sprunghaft steigen.

Doch wenn wir mal davon absehen, dass ich nicht unbedingt jeden Kollegen jeden Tag sehen muss und die, die ich sprechen will, jederzeit sprechen kann – dann dürfen wir eine weitere Wahrheit nicht verschweigen: Geniale Ideen kommen den Menschen längst nicht nur in absoluter Isolation, sondern mitunter auch inmitten des Gewusels. Ein gewisses Maß an Lautstärke ist gar nicht so schlimm. So lautet jedenfalls das Fazit einer Studie von Ravi Mehta. »Lärm lenkt Menschen zwar ab«, gesteht der Assistenzprofessor für Betriebswirtschaft an der University of Illinois, »aber das Ausmaß der Ablenkung hängt von der Lautstärke ab.«

Für seine Untersuchung konzipierte Mehta fünf Experimente. Zunächst versammelte er Hunderte Freiwillige in verschiedenen Laborräumen, in denen sie Kreativitätstests lösen sollten. Mal galt es, Wörter zuzuordnen, mal waren neue Verwendungen für Alltagsprodukte gesucht. Währenddessen hörten die Probanden Hintergrundgeräusche, eine Mischung aus Cafégesprächen, Verkehr und einer entfernten Baustelle – allerdings mit unterschiedlicher Lautstärke. Bei Gruppe A stellte Mehta den Pegel auf 50 Dezibel, was in etwa leiser Radiomusik oder Vogelgezwitscher entspricht. Bei Gruppe B drehte er auf 70 Dezibel, vergleichbar mit Wasserkocher oder Wasserhahn. Und Gruppe C beschallte er mit eher unangenehmen 85 Dezibel, ungefähr so laut wie ein Saxofon oder eine Hauptverkehrsstraße. Und wer schlug sich am besten? Die Gruppe, die moderate Hintergrundgeräusche aufs Ohr bekam. Sie hatte jedes Mal mehr Ideen als die Gruppen mit besonders leiser und besonders lauter Beschallung.

Ein ähnliches Ergebnis erhielt Mehta, als er für den letzten Versuch in die Mensa seiner Hochschule wechselte. Dort baute er eine Lounge auf, in dessen Ecke er einen Computer und einen Schreibtisch stellte. An diesem Rechner nahmen nun Dutzende Freiwillige Platz, um eine kleine Umfrage zu absolvieren. Auf dem Monitor sahen sie acht verschiedene Produkte, beispielsweise einen Turnschuh. Sie konnten entscheiden: Wollten sie den Gegenstand eher traditionell nutzen, oder waren sie offen für einen neuen Einsatzbereich? Und siehe da: Wieder reagierten die Probanden unterschiedlich, je nachdem, wie laut es war. Am offensten waren jene Freiwilligen, die moderat beschallt wurden.

Aber wieso sollte ein Zusammenhang bestehen zwischen den Hintergrundgeräuschen und der Kreativität? Weshalb sind Menschen bei dezenter Beschallung einfallsreicher und innovationsfreundlicher als bei Stille oder Lärm?

Mehta glaubt, dass ein gewisser Geräuschpegel dazu führt, dass wir Informationen nicht mehr ganz so flüssig verarbeiten wie bei totaler Stille (oder unerträglichem Krach). Psychologen bezeichnen dieses mangelnde Tempo als »disfluency«. Doch diese mentale Hürde führt gleichzeitig dazu, dass wir intensiver und auch abstrakter nachdenken, was sich wiederum positiv auf die Kreativität auswirkt. Anders formuliert: Moderate Lautstärke lenkt unseren Geist in gewisser Weise ab – aber eben nicht so stark, dass wir überhaupt nicht mehr denken können. Und das könnte auch erklären, warum wir bei dezenter Beschallung nicht nur selber mehr Einfälle haben, sondern auch offener für andere Ideen sind.

Ich will es gar nicht bestreiten: Ein Großraumbüro hat Vor- und Nachteile, ein Patentrezept gibt es für keine Situation und keine Person. Entscheidend ist eher, welche Art von Arbeit erledigt werden soll. Pauschal könnte man vielleicht sagen: Je simpler die Tätigkeit oder je wichtiger kurze Kommunikationswege – etwa bei Innovationsprozessen, wenn sich kurzfristig Gruppen suchen und finden müssen –, desto nützlicher der Großraum.

39

Langeweile macht kreativ

Das Gehirn braucht Leerlauf

Die Amerikanerin Gertrude Stein war nicht nur Kunstsammlerin und Schriftstellerin, sondern auch fähig zur Selbstironie: »Es braucht viel Zeit, ein Genie zu sein«, schrieb sie in ihren Memoiren, »man muss so viel herumsitzen und nichts tun, wirklich nichts tun.«

Nichtstun? Zeitverschwendung! Diesen Eindruck könnte man heute zumindest gewinnen. Der ständig multitaskende und digital vernetzte Karrierist soll always on sein, für den Standby-Modus bleibt keine Muße. Der Tag hat 24 Stunden, danach kommt die Nacht. Bloß keine Langeweile aufkommen lassen. Wer zu Hause nichts mit sich anzufangen weiß, kann immer noch telefonieren, lesen, schlafen oder putzen. Und am Arbeitsplatz? Ist Nichtstun geradezu unvorstellbar. Sind geistige Pausen erforderlich, dann muss man zumindest etwas anders tun – einen Kaffee holen, mit den Kollegen austauschen oder auch einfach ziellos durchs Netz surfen – Hauptsache beschäftigt wirken. Die Axa-Versicherung wollte vor ein paar Jahren von 500 Berufsanfängern zwischen 16 und 29 Jahren wissen, was sie im beruflichen Alltag am meisten fürchteten: Mehr als jeder Dritte sorgte sich vor Langeweile. Dabei ist sie in Wahrheit gar kein Anlass zur Sorge – sondern Grund zur Freude.

Der Duden versteht darunter ein »lästig empfundenes Gefühl des Nicht-ausgefüllt-Seins, der Eintönigkeit und Ödheit, das aus Mangel an Abwechslung, Anregung, Unterhaltung, an interessanter, reizvoller Beschäftigung entsteht«. Mit diesem Zustand beschäftigen sich kluge Menschen schon seit Jahrhunderten – mit durchaus kontroversen Meinungen. Die einen verehren das Gefühl, die anderen verachten es.

Ursprünglich galt Langeweile ausschließlich als Makel. Die alten Griechen sprachen einst von »acedia«, was so viel heißt wie Stumpfsinn oder Eintönigkeit. Für den dänischen Denker Søren Kierkegaard war Langeweile »die Wurzel allen Übels«. Johann Wolfgang von Goethe wiederum begrüßte die Langeweile als »Mutter der Musen«, Walter Benjamin verglich sie mit dem »Traumvogel«, der »das Ei der Erfahrung ausbrütet«, Friedrich Nietzsche umschrieb sie als »Windstille der Seele«, die der »glücklichen Fahrt und den lustigen Winden vorangeht«.

Und wer hat nun Recht? Die britische Psychologin Sandi Mann hat sich in den vergangenen Jahren ausführlich der Erforschung der Langeweile gewidmet. Und ihre Ergebnisse bestätigen all jene, die gerne dem kreativen Nichtstun frönen: Erst Tagträume bringen uns auf neue Ideen.

Zu diesem Ergebnis gelangte sie unter anderem in einer Studie im Jahr 2014. Zusammen mit ihrer Kollegin Rebekah Cadman von der University of Central Lancashire stellte sie Dutzenden Testpersonen zunächst eine dröge Aufgabe. Im ersten Durchgang sollten sie 15 Minuten lang die Nummern aus einem Telefonbuch abschreiben – eine Übung, die sich in der Vergangenheit in Experimenten als atemberaubend langweilig erwiesen hatte. Nun reichten die Psychologinnen den Probanden zwei Styroporbecher und forderten sie dazu auf, sich dafür drei Minuten lang Verwendungszwecke einfallen zu lassen. Und siehe da: Die Langweiler-Gruppe war jedes Mal einfallsreicher als die Kontrollgruppe, die zuvor eine anspruchsvolle Aufgabe lösen musste.

Im zweiten Versuch steigerte Mann die Langeweile noch mal. Nun sollten die Freiwilligen die Nummern nicht notieren, sondern laut vorlesen. Im Anschluss sollten sie sich wieder kreative Einsatzmöglichkeiten für die Papierbecher einfallen lassen. Dieses Mal schossen die Ideen sogar nur so aus ihnen heraus. Die einen dachten an Ohrringe und Telefone, die anderen an Musikinstrumente oder BHs. Diese und andere Experimente zeigten: Langeweile fördert die Kreativität. Aber wieso?

Wenn sich das Gehirn im Leerlauf befindet, geht es buchstäblich auf die Reise nach neuen Reizen. Diese Tagträume zapfen das Unterbewusstsein an, es kommt zu anderen Verknüpfungen – und das bringt uns auf neue Ideen. Das lässt sich sogar in Hirnscans nachweisen. Wenn unsere Gedanken scheinbar ziellos umherschweifen, wenn wir uns zurücklehnen und nichts tun, wird in unserem Gehirn das Ruhezustandsnetzwerk (Default Mode Network) aktiviert. Jene Region ist unter anderem dafür zuständig, dass wir Erinnerungen speichern und uns in andere hineinzuversetzen können. Kurzum: Im Zustand völliger Entspannung schaltet unser Gehirn nicht ab. Vielmehr zapfen wir eine

Quelle von Erinnerungen an, malen uns Zukunftsszenarien aus und überdenken unsere Begegnungen. Und genau in diesem Zustand kommen wir auf neue Ideen.

Wenn Sie sich also beim nächsten Mal dabei ertappen, wie Sie die Wartezeit mit dem Blick aufs Smartphone überbrücken wollen, versuchen Sie mal was anderes. Atmen Sie in Ruhe durch. Genießen Sie den Zustand ganz bewusst. Vielleicht hilft dabei das Sprichwort des buddhistischen Mönchs Thich Nhat Hanh: »Statt zu sagen: Sitz nicht einfach nur da – tu irgendetwas, sollten wir das Gegenteil fordern. Tu nicht einfach irgendetwas – sitz einfach nur da.«

40

Lebenserfahrung ist ein Vorteil

Die erfolgreichsten Gründer sind Mitte 40

Nehmen wir an, Sie sind ein Investor, und zwei Gründer auf Geldsuche präsentieren ihr Geschäftsmodell. Der eine ist Mitte 20, der andere Mitte 40. Wem geben Sie Ihr Geld? Wenn Sie nach dem Bild entscheiden, das heutzutage gemeinhin über erfolgreiche Gründer vorherrscht, dann würden Sie vermutlich auf den Jungspund setzen. Schließlich sehen wir doch allenthalben – Start-up-Gründer sind vor allem eines, nämlich jung. Oder?

Spätestens seit Mark Zuckerberg gilt Jugendlichkeit bei Gründern als entscheidender Wettbewerbsvorteil. Der Facebook-Chef startete sein Unternehmen mit 19 und brach sein Harvard-Studium ab, um vier Jahre später jüngster Selfmade-Milliardär der Welt zu werden – und fortan als Ikone einer neuen Generation von Gründern zu gelten, deren geringe Lebenserfahrung keine Bürde ist, sondern ein Bonus: Jungspunde denken groß und handeln schnell. Sie sind risikobereit, weil sie keine Familie ernähren müssen, geistig und körperlich fit, originell und dynamisch. Doch tatsächlich ist Zuckerberg die Ausnahme, nicht die Regel. Natürlich könnten Sie Ihr Geld dem jüngeren Gründer geben. Besser aufgehoben wäre es in den Händen des Mittvierzigers.

So lautet jedenfalls das Ergebnis einer Studie von Pierre Azoulay. Der Professor der renommierten Sloan School of Management in Cambridge, Massachusetts, wertete die Daten von 2,7 Millionen US-Amerikanern aus, die von 2007 bis 2014 ein Unternehmen gegründet hatten und mindestens einen Angestellten beschäftigten. Im Schnitt waren die Gründer zu Beginn der Selbstständigkeit 41,9 Jahre alt. Egal ob im kalifornischen Silicon Valley oder an der Ostküste in New York: Den größten Erfolg – egal ob in Form steigender Umsätze, wachsender Mitarbeiterzahlen oder eines gelungenen Börsengangs – hatten jene Unternehmen, deren Gründer zum Start 45 Jahre alt waren. Anders formuliert: Ein 50-Jähriger hatte eine beinahe doppelt so hohe Erfolgswahrscheinlichkeit wie ein 30-Jähriger. Wer sich am schlechtesten schlug? Die Jungunternehmer Anfang 20.

Sind Gründer mittleren Alters gewieftere Manager? Finanziell besser ausgestattet? Oder können sie auf ein größeres Netzwerk von Kunden und Lieferanten bauen? Azoulay hält diese drei Erklärungen für denkbar. Aber seine Daten deuten noch auf einen weiteren Vorteil älterer Gründer hin: Unternehmer waren umso erfolgreicher, wenn sie ihr Start-up in einer Branche gründeten, in der sie vorher bereits mindestens drei Jahre gearbeitet hatten. Offensichtlich sind es also nicht die jungen Hunde, die von ihrem unverbrauchten, forschen Blick profitieren, sondern die alten Hasen mit ihrer Marktkenntnis, ihren Kontakten und ihrer Routine.

Das heißt nun nicht, dass unter 30-Jährige mit einer Gründung zwangsläufig scheitern. Es ist bei ihnen bloß noch etwas wahrscheinlicher als bei den älteren. Gute Ideen kommen Menschen in jedem Alter. Aber es braucht nicht nur Glück und Talent, um sie zum Erfolg zu führen – sondern oft auch Erfahrung. Als Steve Jobs Apple gründete, war er 21 Jahre alt. Als er das erste iPhone vorstellte, das den Konzern letztlich zum wertvollsten der Welt machte, war er bereits 51.

41

Leidenschaft führt ins Unglück

Das Ideal der beruflichen Passion wird glorifiziert

Es begann in der Kindheit. Schon im Alter von sieben Jahren fing Vladimir in seiner russischen Heimat an, Schmetterlinge zu sammeln. Als Student am Trinity College im britischen Cambridge schrieb er erste Aufsätze, nach seiner Immigration in die USA arbeitete er als Schmetterlingsexperte am American Museum of Natural History. Bis zu 14 Stunden täglich soll er damit zugebracht haben, die Insekten zu zeichnen. Er nahm die Arbeit an zwei Büchern auf, *Butterflies of Europe* und *Butterflies in Art*, aber beide blieben unvollendet. Statt seiner ersten Leidenschaft zu folgen und Schmetterlingsforscher zu werden, wurde er Schriftsteller. Im Nachhinein offensichtlich die richtige Entscheidung: Heute gilt Vladimir Nabokov als einer der bedeutendsten Erzähler des 20. Jahrhunderts.

Seine Leidenschaft zu finden, ist derzeit schwer in Mode. Auch dank eines Mannes, der der Welt nicht nur wunderbare Produkte, sondern auch eine zweifelhafte Einstellung hinterließ. Im Juni 2005 sprach Steve Jobs vor Absolventen der Stanford University darüber, was ihn in seinem Leben motivierte. »Ich liebte, was ich tat«, sagte der damalige Apple-Chef, und das sei das einzig Wichtige. »Ihr müsst die eine Sache finden, die ihr liebt. Sowohl im Job als auch im Privatleben.«

Heute beziehen sich Karrierecoaches, Berufsberater und Topmanager gerne auf diese Rede: »Wenn du deine Berufung gefunden hast«, so lautet ihr Mantra, »wirst du nie wieder einen Tag arbeiten müssen.« Dahinter steckt die Annahme, dass es für jeden von uns die passende Passion gibt; dass wir nur lange genug suchen müssen, um schlussendlich unseren Traumjob zu finden; und dass wir am Ende dieser mal mehr, mal weniger langen Reise mit einer Art paradiesischem Zustand belohnt werden, der uns sowohl beruflichen Erfolg als auch seelische Erfüllung bringt.

Nun ist gegen Freude an der eigenen Tätigkeit nichts einzuwenden, Pessimismus ist kein Geschäftsmodell. Wer immer nur miesepetrig zur Arbeit geht, macht weder sich selbst noch seinen Kollegen oder Vorgesetzten Freude, und das hält niemand lange durch. Zumal erfolgreiche Manager, Künstler und Unternehmer gerne darauf hinweisen, dass sie ihre Tätigkeit vor allem voller Leidenschaft ausüben.

Aber genau diese Kronzeugen tragen zu einem Irrtum bei. Denn für beruflichen Erfolg ist es vor allem wichtig ist, dass man etwas gut kann; ob man es auch gerne tut, ist zweitrangig. Eine Arbeit gut gemacht zu haben, bringt uns Menschen zwar durchaus Befriedigung. Trotzdem muss beides nicht unbedingt zusammengehen. Andererseits ist man nicht zwangsläufig gut in etwas, nur weil man es mit Leidenschaft tut. Nicht jedes Hobby taugt zum Beruf. Die Annahme, dass Interessen in uns schlummern, die nur geweckt werden müssen, ist problematisch. Aus mehreren Gründen.

Erstens wird damit impliziert, dass wir nur eine gewisse Anzahl von Interessen besitzen. Wenn wir die einmal gefunden haben, dann müssen wir angeblich nicht mehr weiterschauen. Zweitens führt das zu dem Irrglauben, dass diese eine Leidenschaft steter Quell der Motivation und Inspiration ist. Wenn wir dieser Berufung nachgehen dürfen, so das Kalkül, dann sind wir immer begeistert und niemals frustriert. Wenn doch mal Frustrationen auftreten, ist das der scheinbar perfekte Beleg dafür, dass es ganz offensichtlich doch nicht die wahre Leidenschaft war.

Aber so funktioniert das Leben nicht. Auf allen beruflichen Wegen lauern ungeplante Hindernisse. Und mit denen können wir umso leichter umgehen, wenn wir uns bewusst machen, dass eine Leidenschaft immer nur der Weg ist, nie das Ziel. Es ist ein bisschen so wie mit der Liebe. Auch hier hängen manche Menschen der romantischen Vorstellung an, dass wir die eine Person finden müssen, die uns von da an jeden Tag glücklich macht. Aber wer so lebt, gibt bei Schwierigkeiten schneller auf und macht sich auf die Suche nach der nächsten Perfektion. Dabei muss in Wahrheit alles hart und geduldig erarbeitet werden. In der Liebe. Und im Job.

Vor dem fatalen Dogma der Passion warnt zum Beispiel Paul O'Keefe von der Yale University. Für seine Studie teilte er Studenten in zwei Gruppen. Die eine Hälfte der Probanden erfuhr, dass jeder Mensch gewisse unveränderliche Interessen habe. Die andere Hälfte lernte, dass sich diese Interessen im Laufe des Lebens durchaus verändern.

Nun sahen alle Teilnehmer ein leicht verständliches Video über schwarze Löcher. Faszinierend!, befanden hinterher zunächst alle. Doch nun reichte O'Keefe ihnen einen schwer konsumierbaren, wissenschaftlichen Text zu diesem Phänomen. Wer nun schneller das Interesse an dem Thema verlor und den Text nicht lesen wollte? Genau: Jene Gruppe, denen die feststehenden Interessen suggeriert worden waren.

In weiteren Versuchen war es ähnlich: Der Glaube an gewisse Passionen führte zur Annahme, dass damit quasi unendliche Energie einhergehe. Kam es doch zu Schwierigkeiten, gaben jene Probanden viel schneller auf – und zeigten messbar weniger Interesse an neuen Themen. Prinzipiell, sagt auch O'Keefe, sei die Botschaft von der notwendigen Leidenschaft sicher gut gemeint: »Aber genau dieser Glaube kann die Entwicklung von Interessen von vornherein verhindern.«

Stattdessen rät er dazu, offen zu bleiben für neue Erfahrungen – und immer zu berücksichtigen, ob es für die Interessen und Leidenschaften gerade Bedarf gibt. Letztendlich ist es ratsamer, gut in etwas zu sein, was man nicht mag, solange es nachgefragt wird – als gut in etwas zu sein, das man liebt, das aber keiner braucht.

42

Lob macht faul

Wann Komplimente nach hinten losgehen

Wer viel leistet, will das auch anerkannt wissen. Zu Recht. Lobende Chefs heben vermeintlich die Laune, stärken das Selbstbewusstsein und fördern die Motivation, die Mitarbeiter wagen sich hinterher umso zuversichtlicher selbst an komplizierte Aufgaben und kündigen seltener. Nach warmen Worten ihrer Führungskraft haben die deutschen Angestellten tatsächlich große Sehnsucht. Das zeigte im Jahr 2015 auch eine Umfrage der Meinungsforschung Forsa. Von 2 000 Befragten sagte jeder Zweite, er schätze die verbale Würdigung vom Vorgesetzten mehr als von seinem Partner oder seinen Freunden.

Sind Komplimente also ein Kinderspiel? Müssen Chefs ihre Teammitglieder einfach nur häufig genug rhetorisch hätscheln und tätscheln? Ist mangelnde Motivation im Umkehrschluss immer ein Indiz für mangelnde Wertschätzung? Rebecca Hewett kann über solche Fragen nur müde lächeln. Die Organisationspsychologin der Rotterdam School of Management veröffentlichte im Jahr 2016 eine Studie mit brisantem Ergebnis: Zu viel Lob ist demnach längst nicht immer förderlich – sondern manchmal sogar schädlich.

Zusammen mit einem Forscherkollegen wollte Hewett die Auswirkungen von Wertschätzung im Job testen. Neil Conway ist Professor für Organisationsverhalten und Personalmanagement an der Royal Holloway, die zur University of London gehört. Das Duo konzipierte ein cleveres Experiment: 58 Angestellte eines britischen Unternehmens, Männer wie Frauen, die meisten davon Akademiker, mit einem Durchschnittsalter von 44 Jahren, führten zwei Wochen lang Tagebuch über ihren Alltag im Büro. Dazu verschickten Hewett und Conway jeden Nachmittag eine E-Mail mit einem Link, der die Freiwilligen zu einem Fragebogen führte. Darin sollten sie angeben, ob sie ihre derzeitigen Aufgaben anspruchsvoll oder langweilig fanden – und ob ihr Chef ihre Arbeit honorierte oder ignorierte. Und dabei bemerkten Hewitt und Conway einen interessanten Zusammenhang zwischen der Komplexität einerseits und den Komplimenten andererseits. Das Lob wirkte sich durchaus positiv auf die Motivation aus, zumindest bei eintönigen Tätigkeiten. Den Kollegen mit anspruchsvollen Aufgaben erging es allerdings ganz anders: Wenn sie gelobt wurden, verloren sie schneller den Spaß an der Arbeit.

Anscheinend ist Lob nicht per se empfehlenswert, sondern vor allem in gewissen Situationen. Bei drögen Aufgaben driftet der Geist schon mal schneller ab. Dann ist die Aussicht umso tröstlicher, selbst für die tumbsten Tätigkeiten auch noch mit Worten verwöhnt zu werden. Bei intellektuellen Herausforderungen hingegen brauchen viele Menschen keine zusätzliche Stimulation durch verbalen Beifall – zumindest solange ihnen die entsprechenden Mittel zur Verfügung stehen, um die Aufgabe zu lösen.

Gewiss sollte man Hewetts Studie nicht missverstehen: Die Forscherin behauptet keinesfalls, dass Lob generell überflüssig ist. Wertschätzung ist nie verkehrt. Vielmehr warnt sie davor, die Kraft der Komplimente zu überschätzen. Wenn triviale Tätigkeiten anstehen, sollten Manager das künftige Lob ruhig vorher in Aussicht stellen (»Es wäre großartig, wenn Sie die Unterlagen bis dahin fertig haben«) oder währenddessen schon verteilen (»Vielen Dank für Ihren Einsatz, ich weiß das zu schätzen«). Bei komplexen Problemen sollten Sie sich hingegen trauen, im Hintergrund zu bleiben – und die Mitarbeiter erstmal machen zu lassen. Eingreifen kann man ja dann immer noch.

43

Loyalität lohnt sich nicht

Wer seinem Arbeitgeber die Treue hält, wird unglücklich

Manchmal ist es besser, wenn man etwas nicht bekommt. Als Werner Baumann im Jahr 1988 als Controller bei Bayer einstieg, unterschrieb er den Arbeitsvertrag vor allem aus einem Grund: Er glaubte, dass er seine Doktorarbeit in dem beschaulichen Konzern problemlos nebenbei schreiben könnte. Das sollte sich als Irrtum erweisen, den Doktortitel hat Baumann bis heute nicht. Dafür war er viel zu beschäftigt damit, Karriere zu machen: Nach Stationen bei Bayer Hispania Comercial in Barcelona und bei der Bayer Corporation in den USA kehrte er im Juli 2002 nach Deutschland zurück und wurde Mitglied des Executive Committees von Bayer HealthCare. Im Januar 2010 wurde er zum Finanzvorstand der Bayer AG ernannt, im Mai 2016 zum CEO.

Baumann wurde für seine lebenslange Treue zum selben Arbeitgeber belohnt – und damit befindet er sich in guter Gesellschaft. Denn tatsächlich gibt es weitere deutsche Topmanager, die sich im selben Konzern vom Beginner zum Boss hocharbeiteten. Dieter Zetsche stieg nach seinem Abschluss als Diplom-Ingenieur in Elektrotechnik 1976 bei Daimler ein, 30 Jahre später wurde er CEO. Nikolaus von Bomhard begann 1985 ein Trainee-Programm bei der damaligen Münchener Rückversicherung, 19 Jahre später wurde er Vorstandschef der Munich Re. Und Joe Kaeser? Ging 1980 zu Siemens, seit 2013 ist er CEO.

Diese Beispiele sind gleich aus mehreren Gründen bewundernswert. Nicht nur, weil die Manager eine steile Karriere hingelegt haben, sondern weil sie auch noch ein und demselben Arbeitgeber treu blieben. Und für diese lebenslange Loyalität wurden sie letztlich belohnt. Wie romantisch.

Sollten wir uns also alle an Baumann, Zetsche oder Kaeser orientieren und uns lieber mit einem Arbeitgeber arrangieren, anstatt bei der nächstbesten Gelegenheit zu desertieren? Sind wir zu ungeduldig? Immerhin kam in einer Umfrage der Onlinestellenbörse Stepstone im Jahr 2014 heraus: Etwa jeder Dritte sucht nach spätestens zwei Jahren Betriebszugehörigkeit eine neue Herausforderung.

Nun könnte man diese Flatterhaftigkeit verdammen als Ausweis einer treulosen, illoyalen Generation. Oder als Beweis dafür nehmen, dass Shoshana Dobrow Riza Recht hat. Denn die Managementforscherin der London School of Economics befürchtet: Wer seinem Arbeitgeber allzu lange treu ist, der riskiert seine seelische Zufriedenheit.

Riza wertete für ihre Untersuchung zwei Langzeitstudien des Bureau of Labor Statistics aus. Das Statistikamt des US-Arbeitsministeriums befragt seit 1979 knapp 22 000 Amerikaner regelmäßig nach ihrem Berufs- und Privatleben. Dabei stieß die Wissenschaftlerin auf einen interessanten Zusammenhang. Zwar waren die Teilnehmer mit steigendem Lebensalter grundsätzlich zufriedener mit ihrer Arbeit. Zugleich aber wirkte sich die Verweildauer bei einem Unternehmen negativ auf die eigene Job-Zufriedenheit aus: Je länger die Befragten in einem Unternehmen tätig waren, desto unglücklicher wurden sie – unabhängig von ihrem Alter.

Riza zufolge liegt das vor allem an den positiven Nebenwirkungen einer Veränderung. Wer den Arbeitgeber oder gar die Branche wechselt, wird dafür in aller Regel belohnt, entweder mit einer besseren Position, mehr Geld oder beidem. Und diese Verbesserung, vermutet die Forscherin, trägt zum beruflichen Glück bei. Wobei es natürlich auch denkbar ist, dass nicht alleine monetäre Gründe eine Rolle spielen: Eine neue Aufgabe, neue Kollegen, neue Büros – gelegentlich tut eine Veränderung durchaus mal gut.

Insgeheim weiß das jede Führungskraft. Gleichwohl will sie Fluktuation unbedingt vermeiden, denn neue, fähige Mitarbeiter zu finden kostet Zeit, Geld und Nerven. Riza rät daher vor allem dazu, im eigenen Team für genügend Abwechslung zu sorgen – etwa durch Rotationen, Sabbaticals oder Auslandsaufenthalte.

Gleichzeitig sollten sich einfache Angestellte regelmäßig klar machen, dass ein Wechsel des Arbeitgebers zwar noch keine größere Zufriedenheit garantiert. Allerdings erhöht sich mit steigender Verweildauer die Wahrscheinlichkeit unangenehmer Erfahrungen: »Je länger eine Person in einer Firma arbeitet, desto besser weiß sie auch über die unangenehmen Dinge Bescheid«, sagt Riza. Und dieses Wissen macht selten glücklich.

Lügen steigern das Ansehen

Fürsorge ist wichtiger als die Wahrheit

Wer Jahrhunderte überdauern will, braucht treue Freunde. Unternehmen müssen sich darauf verlassen, dass die Kunden ihre Produkte weiterempfehlen; Religionen brauchen Gläubige, die ihrer Botschaft huldigen; und Ideen bedürfen Anhänger. Insofern hat es Ehrlichkeit weit gebracht.

Die Maxime, dass wir unseren Mitmenschen immer die Wahrheit sagen sollen, schaffte es nicht nur in entsprechende Sprichwörter, wonach Lügen kurze Beine haben. Sie konnte im Laufe der Zeit auch prominente Fürsprecher sammeln. Für Augustinus beispielsweise war ein Schwindel der Sündenfall schlechthin: »Lieber mit der Wahrheit fallen als mit der Lüge siegen«, sagte der Kirchenvater. Und der deutsche Philosoph Immanuel Kant nannte die Lüge »ein Verbrechen des Menschen an seiner eigenen Person und eine Nichtswürdigkeit, die den Menschen in seinen eigenen Augen verächtlich machen muss«. Für ihn war selbst eine Lüge tabu, die niemandem schadet.

Im Alltag ist diese Anweisung nahezu unmöglich zu befolgen. Lügen ist durch die zunehmend digitale, also unpersönliche Kommunikation leichter geworden. Außerdem wäre es in gewissen Situationen schädlich, die reine Wahrheit zu sagen (man denke nur an die Frage des Vorgesetzten, wie man seine erfahrungsgemäß halbgaren Ideen findet). Aber das ist auch gar nicht schlimm – denn unter gewissen Umständen macht sich die Unwahrheit besser: »Beobachter beurteilen Personen, die Lügen erzählen und dadurch anderen helfen, moralischer als Menschen, die ehrlich sind, aber anderen schaden«, schrieben die beiden US-Organisationspsychologen Emma Levine und Maurice Schweitzer vor einigen Jahren in einer Studie.

Sicher, das klingt zunächst skurril. Seit der Kindheit haben unsere Eltern uns eingebläut, dass es moralisch und ethisch verwerflich ist, die Unwahrheit zu sagen. Lügner gelten als gefühlskalte Egoisten, die nur auf ihren eigenen Vorteil bedacht sind. Ehrlichkeit ist eine Tugend, Unehrlichkeit eine Sünde, weil sie den ultimativen sozialen Klebstoff zunichte macht. Wenn ich nicht weiß, ob mein Freund, Kollege oder Vorgesetzter mir die Wahrheit sagt, wie kann ich ihm dann jemals vertrauen? Wieso sollte ich Fremden glauben, mich auf Geschäfte einlassen, Verabredungen einhalten?

Eine Antwort entdeckten Levine und Schweitzer in drei Experimenten. In einem davon beobachteten knapp 200 Freiwillige zwei Personen bei einem Spiel. Person A wurde zunächst die Zahl 4 genannt. Nun hatte sie die Wahl: Sie konnte Person B die Wahrheit sagen, dann erhielt A als Belohnung zwei Dollar und B bekam nichts. Oder aber Person A log und nannte irgendeine andere Zahl von 1 bis 5. Dann bekam sie 1,75 Dollar, B erhielt immerhin einen Dollar. Person A musste sich also entscheiden: Wollte sie die Wahrheit sagen und dem Partner schaden – oder lügen, um B etwas Gutes zu tun, gleichzeitig aber auf Geld verzichten?

Nun sollten die Probanden das Verhalten bewerten: Verhielt sich A ihrer Meinung nach ethisch verwerflich oder moralisch korrekt? Und hielten sie die Person für einen guten Menschen? Das Ergebnis: Die Antwort war nicht davon abhängig, ob Person A log oder die Wahrheit sagte – sondern ob sie ihrem Spielpartner damit schadete oder nützte. Die altruistischen Lügner galten als anständiger als die ehrlichen Egoisten. Ähnlich war es in weiteren Versuchen. Die Leugner und Trickser kamen besser weg als die Aufrichtigen, solange sie einem anderen damit etwas Gutes taten. Übertrieben formuliert: Wichtig ist nicht, ob wir ehrlich sind oder lügen – sondern dass wir es mit unseren Mitmenschen gut meinen.

Und das, findet Maurice Schweitzer, sollte uns allen zu denken geben. Im Alltag befinden sich Menschen häufig in einem moralischen Zwiespalt. Sollten Chefs ihre Angestellten anlügen, Politiker ihre Wähler, Ärzte ihre Patienten, Eltern ihre Kinder? Oder sollten sie ihnen die unbequeme Wahrheit sagen, ohne Rücksicht auf emotionale Verluste?

Die Studie von Levine und Schweitzer legt nahe: Im Zweifel geht es nicht nur den Betroffenen mit einer Lüge besser. Das Image der Verantwortlichen profitiert von einer Flunkerei unter Umständen mehr. »Wir sollten längst nicht immer ehrlich zu anderen sein«, sagt Maurice Schweitzer, »sondern andere immer so behandeln, wie wir behandelt werden wollen.«

45

Macht vernebelt die Selbstwahrnehmung

Anführer schieben Erfolge auf die eigene Großartigkeit

Konferenzen in deutschen Büros laufen meistens ziemlich ähnlich ab. Die einen Mitarbeiter wollen sich tunlichst in den Vordergrund drängen, die anderen unbedingt im Hintergrund bleiben. Der Chef oder die Chefin begegnet den Vorschlägen zunächst mit Gleichmut, Wohlwollen oder Interesse, nur um am Ende doch wieder die eigenen Ideen durchzusetzen. Alternativ lässt der oder die Vorgesetzte sich auf den Rat eines Angestellten ein, macht sich im Zweifelsfall aber darüber lustig. Was auf dem eigenen geistigen Mist gewachsen ist, das finden Personalverantwortliche meist grandios. Was schief geht, ist die Schuld der Untergebenen.

Nun haben Sie als Anwesender zwei Möglichkeiten: Sie können sich entweder weiterhin über dieses scheinbar unerklärliche Verhalten aufregen – oder die Studie von Joris Lammers lesen. Dann werden Sie das Benehmen Ihres Chefs vielleicht nicht unbedingt angenehmer finden. Aber Sie werden zumindest besser verstehen, wieso er (oder sie) sich so verhält. Und weshalb er (oder sie) auch gar nicht anders kann.

Schon seit Jahrzehnten glauben Psychologen, dass Menschen Ergebnisse unterschiedlich bewerten. Erfolge schreiben sie lieber sich selbst zu, Misserfolge schieben sie auf andere. Das kann man frech oder feige finden, sinnvoll ist es allemal – denn es schützt das eigene Ego. Ein Phänomen, das auf den Namen selbstwertdienliche Verzerrung (self-serving bias) hört. Und diese Neigung zur gestörten Wahrnehmung wird durch gewisse Umstände gesteigert. Zum Beispiel durch Macht.

»Gib einem Menschen Macht«, sagte einst Abraham Lincoln, »und du erkennst seinen wahren Charakter.« Damit nahm der frühere US-Präsident vorweg, was Dutzende von Psychologen in den vergangenen Jahren herausgefunden haben. Nein, Macht verändert den Charakter nicht – aber sie macht ihn sichtbar.

Wer es an die Spitze schaffen will, egal ob in einem Unternehmen, einer Partei oder einem Land, der ist tendenziell extrovertiert. Bunte Hunde fallen eher auf als graue Mäuse, weil sie ein stärkeres Bedürfnis nach einer öffentlichen Position haben und gerne im Mittelpunkt stehen. (Ob sich diese Lust aufs Rampenlicht nun tatsächlich aus gesundem Selbstbewusstsein speist oder eher ein schwaches Ego kompensiert, darüber gehen die Meinungen auseinander.) Aber Fakt ist: Verantwortung verstärkt gewisse unangenehme Eigenschaften – zum Beispiel die Tendenz zur ungesunden Selbstwahrnehmung. Und wie schnell das geht, bemerkte Joris Lammers in einer Studie aus dem Jahr 2018.

Der Psychologe der Universität zu Köln konzipierte drei Experimente und teilte die Freiwilligen in zwei Gruppen. Die einen versetzten sich gedanklich in eine Situation, in der sie Macht empfunden und Erfolge gefeiert hatten. Die anderen sollten sich daran erinnern, wie sie einmal machtlos gewesen waren. Dann fragte Lammers alle Probanden, wen sie für den Ausgang der Situation verantwortlich machten. Und siehe da: Die Machtgruppe neigte wesentlich stärker dazu, Erfolge auf die eigene Exzellenz zu schieben, Misserfolge hingegen auf die Unfähigkeit der anderen.

Dafür hat der Psychologe drei Erklärungen. Erstens gehe mit Macht eine gewisse Freiheit einher – und diese nutze der Mächtige dazu, Erfolg und Misserfolg nach Gutdünken zu verorten. Zweitens bekleideten mächtige Personen oft Positionen im Rampenlicht, die in einem übertriebenen Selbstbild münden, was wiederum eher dazu führt, Erfolge vor allem auf die eigene Kompetenz zurückzuführen. Und drittens fühlen sich Mächtige oft sicher, was in einer gewissen Rücksichtslosigkeit enden kann.

Wenn also Ihr Chef oder Ihre Chefin sich das nächste Mal öffentlichkeitswirksam auf die Brust klopft wegen eines Erfolgs, der zum großen Teil Ihrer Arbeit zu verdanken ist – ärgern Sie sich nicht zu sehr. Sie wissen ja – er oder sie kann nicht anders … Das heißt aber noch lange nicht, dass Sie sich bis ans Ende Ihrer Arbeitstage mit einem solchen Verhalten abfinden sollten. Dokumentieren Sie eigene Erfolge sorgfältig, um Sie beispielsweise in Jahresgesprächen in Erinnerung zu rufen. Denn langfristig sollten Sie ein solches Verhalten nicht tolerieren. Ändern werden Sie Ihren Vorgesetzten eher nicht mehr. Vermutlich müssen Sie sich daher irgendwann selbst verändern. Wer immer nur im Windschatten bleibt, schafft es nie an die Spitze.

Meditation schadet der Motivation

Achtsamkeitsübungen machen antriebslos

David Brendel ging lange davon aus, das Richtige zu tun. Inzwischen ist er sich nicht mehr so sicher. Der US-amerikanische Psychiater coacht vor allem Führungskräfte. Wenn die ihn in den vergangenen Jahren nach Strategien fragten, um den Stress im Job besser zu ertragen, empfahl Brendel ihnen gerne Achtsamkeitsübungen. Inzwischen lässt seine Begeisterung für die Methode spürbar nach: »Ich sorge mich um ihre potenziellen Exzesse.«

Dass Achtsamkeit durchaus sinnvoll ist, wissen wir ja eigentlich spätestens seit der Fahrschule. Wer den Verkehr aufmerksam beobachtet, ist schon da klar im Vorteil. Aber in diesem Fall geht es um mehr als mit offenen Augen und wachem Geist am Steuer zu sitzen.

Jon Kabat-Zinn, inzwischen emeritierter Medizinprofessor an der University of Massachusetts, entwickelte bereits in den Siebzigerjahren die Mindfulness-Based Stress Reduction (MBSR), eine Mischung aus Yoga, Atemübungen und Meditation. Kurz gesagt geht es darum, Gedanken und Geräusche, Gefühle und Gespräche bewusster wahrzunehmen, Handlungen aufmerksamer vorzunehmen oder Essen bedachtsamer einzunehmen.

Was einst in einer esoterischen Nische entstand, findet inzwischen zahlreiche Fans auf den weltweiten Chefetagen. Atemübungen vor Meetings, spezielle Führungskräftetrainings und Meditation nach Feierabend: Unternehmen finden Gefallen an Achtsamkeitsmethoden, die Mitarbeiter gelassener machen – und produktiver. Google und Goldman Sachs bieten regelmäßig Kurse an, SAP leistet sich einen Director Global Mindfulness Practice, der von seinem Arbeitsplatz im Silicon Valley firmeneigene Workshops konzipiert. Always ohmmmm statt Always on.

Dabei pervertiert Meditieren fürs Meeting in gewisser Weise die buddhistische Weltanschauung. Die ist gerade darauf aus, nicht an Morgen zu denken, sondern im Heute zu leben; nicht darauf zu achten, was alles noch besser werden kann, sondern was schon gut ist; nicht alles ändern zu wollen, sondern Dinge auch einfach mal hinzunehmen. Man kann sich schon irgendwie denken, dass diese Fähigkeiten nicht unbedingt karrierefördernd sind. Und tatsächlich gibt es inzwischen einen ersten empirischen Beleg dafür, dass Achtsamkeit durchaus nachteilige Wirkung auf berufliche Kompetenzen haben kann.

So lautet jedenfalls das Fazit einer Studie von Andrew Hafenbrack (Universidade Católica Portuguesa in Lissabon) und Kathleen Vohs (University of Minnesota). Die beiden konzipierten insgesamt fünf Experimente mit mehreren Hundert Freiwilligen. In einem davon lauschte die eine Hälfte zunächst 15 Minuten lang einer Achtsamkeitsübung. Die andere konnte eine Viertelstunde nachdenken, worüber sie wollte. Nun gaben die beiden Wissenschaftler bekannt, dass beide Gruppen eine Reihe von Tests lösen sollten. Doch zunächst sollten die Probanden noch angeben, wie motiviert sie waren und wie viel Zeit sie mit der Aufgabe verbringen wollten. Und siehe da: Die Achtsamkeitsgruppe verspürte weniger Lust und wollte weniger Zeit investieren.

In weiteren Versuchen beobachteten Hafenbrack und Vohs dasselbe. Egal ob es darum ging, neue Ideen zu entwickeln, Lebensläufe zu korrigieren oder Texte abzutippen: Jedes Mal verspürte die Achtsamkeitsgruppe geringeren Antrieb – sowohl bei interessanten als auch bei langweiligen Aufgaben, bei komplizierten ebenso wie bei simplen. Dankenswerterweise beendeten sie die Tests aber doch. Deshalb konnte ein unabhängiger Beobachter hinterher alle Ergebnisse miteinander vergleichen. Und siehe da: Obwohl die Mitglieder der Achtsamkeitsgruppen weniger Lust verspürt hatten, waren sie nicht weniger leistungsfähig.

Das Ergebnis ist in gewisser Weise eine Bestätigung dafür, dass Achtsamkeitsübungen tatsächlich funktionieren – wenngleich dieser Effekt im Job eher kontraproduktiv ist. Denn ganz gleich, ob es um die Präsentation bei einem wichtigen Kunden, eine Prüfung oder ein Bewerbungsgespräch geht: Ein gewisses Maß an innerer Aufruhr ist notwendig, um sich anzustrengen, denn daraus lässt sich Energie ziehen. Und die wird durch Achtsamkeitsübungen womöglich entzogen. Denn dabei geht es ja gerade darum, dass die Menschen mit dem Hier und Jetzt vollkommen in Einklang sind. Anders formuliert: Achtsamkeit hält die Menschen so im Moment gefangen, dass sie sich kaum etwas Schöneres vorstellen können – und zwar so sehr, dass sie sich gar nicht mehr anstrengen wollen.

Das kennt auch US-Psychiater David Brendel. Er hatte einmal eine Klientin, die so viel Zeit damit verbrachte, zu meditieren und die Umstände einfach zu akzeptieren, dass sie Minderleistung ihrer Angestellten weder bestrafte noch Mehrleistung belohnte. Außerdem fiel es ihr zunehmend schwer, fokussiert und zielstrebig zu arbeiten. »Achtsamkeitsübungen sollten die rationalen und analytischen Gedanken fördern«, sagt Brendel, »aber sie dürfen sie nicht ersetzen.«

Millionengehälter haben üble Folgen

Die Gehaltsschere senkt Motivation und Kaufbereitschaft

Staatsoberhäuptern kann man vieles vorwerfen, Gier eher nicht. Seit dem Jahr 2001 verdient der US-Präsident 400 000 Dollar im Jahr, die deutsche Bundeskanzlerin erhält etwa 285 000 Euro. Kaum jemand würde bestreiten, dass dieses Gehalt gering ist, angesichts des überbordenden Terminkalenders und der vollen Aufgabenliste. Vor allem aber: Im Vergleich dazu, was Topmanager in der Wirtschaft beziehen, ist diese Summe ein echtes Schnäppchen.

Im Jahr 1965 erhielt ein amerikanischer Vorstandschef im Schnitt 20 Mal mehr als der durchschnittliche Angestellte. Im Jahr 2018 lag die »CEO-to-worker pay ratio«, also das Verhältnis zwischen Chef- und Mitarbeitereinkommen, laut einer Auswertung des US-Gewerkschaftsdachverbands AFL-CIO bei den 500 größten Konzernen bei 361 zu 1. Ein Beleg für die zunehmende Ungleichheit – und außerdem Gift für das Klima im Unternehmen.

Der Managementvordenker Peter Drucker warnte bereits in den Achtzigerjahren, dass Unternehmen, in denen der Chef das 25-Fache eines Angestellten verdiene, die Motivation der Mitarbeiter unterminieren. Wie recht er damit hatte, zeigte im Jahr 2018 eine Studie von Arianna Benedetti und Serena Chen. Die Psychologinnen von der University of California, Berkeley, rekrutierten für ihre Experimente mehrere Hundert Teilnehmer, die von zwei unterschiedlichen Konzernen erfuhren. Fall A zahlte dem Vorstandschef 25 Mal mehr als dem Medianarbeiter, Fall B 350 Mal mehr. Nun sollten sich die Freiwilligen in den Kopf von Konsumenten versetzen oder in den eines aktuellen oder zukünftigen Mitarbeiters. Und siehe da: Im Fall von Konzern B bewerteten die Freiwilligen sowohl die Arbeitsbedingungen schlechter als auch die Motivation niedriger. Zudem wollten sie selbst deutlich seltener in dem Unternehmen arbeiten – und verspürten weniger Lust, die Produkte zu kaufen.

Benedetti und Chen glauben, dass Menschen eine angeborene Aversion gegenüber Ungerechtigkeit haben. Diese Vermutung geht zurück auf die Theorie zum Gleichheitsprinzip der Gerechtigkeit (Equity-Theorie), die der US-Sozialpsychologe John Stacey Adams in den Sechzigerjahren entwickelte. Demnach erwarten Menschen für ihren Einsatz zumindest ansatzweise faire Gegenleistungen. Bleiben die aus, müssen sie auf diese empfundene Ungerechtigkeit reagieren – zum Beispiel, indem sie sich im Job weniger Mühe geben, wenn sie das Gehalt des Chefs als allzu fürstlich empfinden.

Benedetti und Chen wissen selbst, dass eine Senkung der Managergehälter utopisch ist. Einen Ratschlag für Konzerne haben sie dennoch: Mehr Transparenz und Kommunikation über die Aufgaben der Konzernspitze. Denn in einem weiteren Versuch stellten die Forscherinnen fest: Wenn die Probanden explizit darauf hingewiesen wurden, was so ein Topmanager den ganzen Tag zu tun hat, fanden sie dessen hohes Gehalt weniger verwerflich.

48

Mittelmanager werden öfter krank

Das Leid der Sandwich-Position

Glaubt man dem Volksmund, dann liegt man immer so, wie man sich bettet. Insofern sollte man sich nachts ein kuscheliges Plätzchen suchen. Aber auch tagsüber wirkt sich unsere Position entscheidend auf das seelische wie körperliche Wohlbefinden aus. Zwischen den sprichwörtlichen Stühlen zum Beispiel sitzt es sich meist recht unbequem. Und was am Tisch gilt, das gilt am Arbeitsplatz erst recht.

Mittelmanager haben es nicht leicht. Gut, sie haben es immerhin schon mal über die erste Karrierestufe geschafft. Die undankbare Drecksarbeit müssen sie also nicht selber machen, sondern können sie an Untergebene delegieren; die Bezahlung ist zwar nicht fürstlich, aber eben auch nicht karg; und mit ein wenig Glück und Verhandlungsgeschick springt sogar ein Dienstwagen heraus. Aber dabei kann man leicht vergessen: Das Gehalt solcher Führungskräfte beinhaltet immer auch einen Teil Schmerzensgeld. Dafür, dass sie den Frust und die Sorgen, die Ängste und Probleme ihrer Angestellten ertragen. Und als wäre das noch nicht genug, haben sie über sich einen Chef oder eine Chefin mit entsprechenden Wünschen, Hoffnungen und Erwartungen – im Hinblick auf verkaufte Produkte, gewonnene Kunden oder unterschriebene Abschlüsse. Sprich: Von oben drängeln die Topmanager, von unten quengeln die einfachen Angestellten. Eine Sandwich-Position, die manche fordert, andere anspornt – und viele überfordert.

Das vermutet zum Beispiel Seth Prins. Der Epidemiologe der Columbia University analysierte vor einigen Jahren eine landesweite, repräsentative Umfrage des United States Census Bureau. 22 000 Angestellte hatten dafür in den Jahren 2001 und 2002 umfangreiche Angaben zu ihrem Berufs- und Seelenleben gemacht. Und dabei entdeckte Prins einen Zusammenhang zwischen der Position und dem Wohlbefinden. Angestellte ohne

Führungsverantwortung berichteten in 12 Prozent der Fälle von Depressionen oder Angstzuständen. Unter Unternehmern und Vorständen waren es gut 11 Prozent. Und Mittelmanager? Sagten das in 18 Prozent der Fälle.

Nun ist die Idee einer Korrelation zwischen dem Rang in der Hackordnung und der Gesundheit nicht neu. Das haben wir unter anderem Michael Marmot zu verdanken. Der britische Mediziner vom University College London ist der Kopf hinter den berühmten Whitehall-Studien. Für zwei Langzeituntersuchungen machten knapp 30 000 britische Beamte umfangreiche Angaben zu ihrem Lebensstil, außerdem unterzogen sie sich medizinischen Tests. Jahrzehnte später schaute Marmot, was aus ihnen geworden war. Und entdeckte: Die Wahrscheinlichkeit, an Herzkrankheiten und Lungenkrebs zu sterben oder an Bluthochdruck und Übergewicht zu leiden, sank mit wachsendem beruflichen Status. Oder flapsig ausgedrückt: Die dicken Fische lebten länger, gesünder und glücklicher als die kleinen Lichter. Und das ließ sich nur teilweise durch den ungesunden Lebensstil erklären. Vielmehr stellte Marmot fest: Je höher der Dienstgrad, desto stärker empfanden die Teilnehmer ein Gefühl der Kontrolle über ihre Arbeit.

Seth Prins verfeinert diese Erkenntnisse nun in seiner Studie. Demnach gibt es offenbar keine lineare Beziehung, nach dem Motto: Je weiter jemand in der Hierarchie voranschreitet, desto besser ergeht es ihm. Stattdessen ist es vor allem der berufliche Mittelweg, der ins geistige wie körperliche Tal führt. Prins glaubt: Die Position beinhaltet eine heikle Mischung. Auf der einen Seite spüren klassische Mittelmanager hohen Erwartungsdruck von ihren eigenen Vorgesetzten, gleichzeitig aber wenig Entfaltungsspielraum nach unten. Daraus ergibt sich ein Gefühl von Kontrollverlust und Machtlosigkeit. Man hat die Dinge nicht mehr »im Griff«, was wiederum depressive Stimmungen verstärken kann.

Was man daraus lernen kann? Wenn Sie das nächste Mal die Chance haben, auf der Karriereleiter eine Sprosse nach oben zu klettern, machen Sie sich zumindest bewusst, worauf Sie sich einlassen. Und wenn Sie in genau einer solchen Sandwichposition stecken und deren gesundheitliche Negativfolgen womöglich am eigenen Leib spüren, lassen Sie sich zumindest dies gesagt sein: Sie sind nicht allein.

Morgenlerchen haben einen besseren Ruf als Nachteulen

Der frühe Start gilt traditionell als tugendhaft

Seitdem ich Kinder habe, komme ich morgens gerne etwas früher ins Büro. So kann ich zumindest auch früher gehen und unsere Töchter abends meistens noch ins Bett bringen. Ich selbst weiß, dass ich nicht unproduktiver bin als früher, mehr noch: dass ich sogar in kürzerer Zeit mehr erledige – weil ich weniger Arbeitszeit in Kantine und Kaffeeküche vertrödele. Ich will ja pünktlich gehen. Außerdem hilft es durchaus dabei, durch die Absurditäten des Arbeitsalltags zu segeln, wenn am Feierabend zwei kleine Mädchen warten, denen relativ egal ist, was in den Stunden davor im Büro passiert ist. Trotzdem schleiche ich mich abends oft mit einem schlechten Gewissen an jenen Kollegen vorbei, die noch vor den Bildschirmen sitzen – obwohl die ihren Arbeitstag erst viel später begonnen haben. Was die wohl denken?

Es ist das klassische Problem der Morgenlerchen: Niemand sieht, wenn sie kommen. Aber alle sehen, wenn sie gehen. Nachteulen hingegen kommen zwar erst, wenn alle anderen schon da sind, doch davon nimmt kaum jemand Notiz. Wenn die Kollegen bereits ihre Sachen packen, sitzen sie noch am Schreibtisch, scheinbar bereit für die nächste Nachtschicht. Irre, was die alles leisten? Nein, eher im Gegenteil: Irre, wie die ihrem Ansehen schaden.

Früher war alles schön einfach: Fabrikarbeiter und Schichtleiter kamen und gingen zur selben Zeit. Das erlaubte zwar wenig Freiheit, gab im Gegenzug aber viel Struktur. In Zeiten von Home Office, mobiler Kommunikation und Gleitzeit gleicht das Büro einem Bienenstock, ständig kommt und geht irgendjemand. Und das ist auch gut so, einerseits. Flexible Arbeitszeiten helfen vor allem jungen Eltern dabei, Kind und Karriere zu vereinbaren, was sich wiederum positiv auf das Image des Arbeitgebers auswirkt. Doch wie das immer so ist: Wo viel Freiheit, da viel Risiko. Denn tatsächlich wird flexibles Arbeiten zwar akzeptiert, aber noch lange nicht respektiert. Das Image eines Mitarbeiters wird auch dadurch geprägt, wann er kommt – und wann er geht. Morgenlerchen haben einen besseren Ruf als Nachteulen. Und Kai Chi Yam weiß warum: »Vorgesetzte halten Angestellte, die später ins Büro kommen, für weniger gewissenhaft. Und deshalb geben sie ihnen schlechtere Bewertungen.«

Zu diesem Ergebnis kam der Doktorand der Foster School of Business an der University of Washington im Jahr 2014. In drei verschiedenen Experimenten wollte er zunächst von 149 Personen wissen, wann sie üblicherweise bei der Arbeit auftauchten. Dann fragte er deren Vorgesetzte, wie sie die Angestellten einschätzten. Hielten die Chefs sie für gewissenhaft, sorgfältig, stets gut vorbereitet? Erledigten sie ihre Aufgaben immer zur vollsten Zufriedenheit? Und siehe da: Die Gruppe der Spätstarter empfand die Führungskräfte als weniger gewissenhaft – ganz egal, wie viel sie tatsächlich leistete. Außerdem gaben sie ihr auch schlechtere Bewertungen.

Sind Mitarbeiter, die später anfangen, zwangsläufig fauler? Natürlich nicht. Aber warum leiden sie dann unter einem Phänomen, das Kai Chi Yam als »morning bias« bezeichnet? Wieso gelten Morgenlerchen als bessere Mitarbeiter als Nachteulen?

Kai Chi Yam glaubt, dass dieses Image historische Gründe hat. Schon seit Jahrhunderten wohnt den ersten Stunden des Tages scheinbar ein ganz besonderer Zauber inne. Das lässt sich ja schon an zahlreichen Sprichwörtern ablesen: Die Morgenstund hat sprichwörtlich Gold im Mund, der frühe Vogel fängt den Wurm und laut chinesischem Sprichwort wird der Plan für den Tag am besten morgens geschmiedet. Auch der griechische Philosoph Aristoteles war ein Verfechter des frühen Aufstehens, »da derlei Gewohnheiten zu Gesundheit, Reichtum und Weisheit beitragen«. Eine Formulierung, die über die Jahrhunderte an Wirkung und Wahrheit nicht verlor. Der US-amerikanische Gründervater Benjamin Franklin übernahm sie in seinem *Poor Richard's Almanac* fast wörtlich: »Early to bed, early to rise, makes a man healthy, wealthy and wise.« Und diese Annahmen wirken bis heute nach. Der Start kurz nach Sonnenaufgang gilt weiterhin als tugendhaft und vorbildlich.

Sind flexible Arbeitszeiten also in Wahrheit gar kein Segen, sondern ein Fluch? Nicht zwangsläufig. Denn Kai Chi Yam entdeckte auch: Das Image von Morgenlerchen und Nachteulen wird vor allem vom Vorgesetzten bestimmt. Jene nämlich, die selbst lieber später ins Büro kamen, neigten weniger dazu, die Nachteulen im Team schlechter zu bewerten.

Bevor Sie Ihre Arbeitszeit also in die frühen Morgen- oder späten Abendstunden legen, beobachten Sie den Biorhythmus Ihres Chefs. Kommt er lieber früher oder bleibt er lieber länger? Wenn Sie Ihr Image subtil beeinflussen wollen, passen Sie Ihren eigenen Rhythmus daran an.

50

Überbringer schlechter Nachrichten werden bestraft

Helden bezahlen einen hohen Preis

Angeblich währt Ehrlichkeit am längsten, doch in Wahrheit verursacht sie vor allem Probleme. So wie dem Boten in William Shakespeares Theaterstück *Antonius und Cleopatra*. Eines Tages wird er bei der sagenumwobenen Königin vorstellig, in Begleitung schlechter Nachrichten: Cleopatras Schwarm, der römische General Marcus Antonius, hat ohne ihr Wissen eine andere Frau geheiratet. Doch anstatt sich über ihren Verflossenen aufzuregen, richtet die Königin ihren Zorn auf den Überbringer der Nachricht. »Die giftigste von allen Seuchen dir!«, ruft sie dem armen Kerl entgegen. »Fort, elender Wicht! Sonst stoß ich deine Augen wie Bälle vor mir her; raufe dein Haar, lasse mit Draht dich geißeln, brühn mit Salz, in Lauge scharf gesättigt.« Hoppala.

Zum Glück drohen im Büro keine solch drakonischen Strafen, selbst wenn man es dort bisweilen ebenfalls mit launischen Majestäten zu tun hat. Aber es lässt sich nun mal nicht leugnen: Auch bei vergleichsweise weltlichen Themen steht der Überbringer einer Nachricht vor einem Konflikt. Soll er's wirklich verraten, oder behält er es lieber für sich? Doch egal ob es um einen abgelehnten Urlaubsantrag, ein gekürztes Budget, entfallenes Weihnachtsgeld oder eine beschlossene Kündigung geht: Manchmal lässt es sich nicht vermeiden, eine bittere Botschaft weiterzuleiten, selbst wenn man an ihrer Entstehung gänzlich unbeteiligt war. Wer jetzt aber glaubt, dass seine Mitmenschen diese Aufrichtigkeit zu schätzen wissen, der sollte sich mal mit Leslie John unterhalten.

Die außerordentliche Professorin für Betriebswirtschaft an der Harvard Business School analysierte in insgesamt elf Experimenten, wie Menschen auf den Vermittler einer Hiobsbotschaft reagieren. Mal ging es um eine schlechte medizinische Diagnose oder die Niederlage in einem Glücksspiel, mal um die Verspätung eines Fluges. In jedem Versuch empfanden die Probanden den Überbringer negativer Nachrichten hinterher unsympathischer – auch wenn Leslie John sie explizit darauf hinwies, dass er mit dem Ergebnis selber gar nichts zu tun hatte.

Aber wieso wird Ehrlichkeit derart kritisch beäugt? Leslie John vermutet: Menschen haben ein starkes Bedürfnis danach, den Ereignissen in ihrem Leben einen Sinn zu geben – selbst wenn sie ihnen völlig zufällig widerfahren. Dieses Verlangen ist umso stärker, wenn sie damit negative Erfahrungen verbinden.

Außerdem wollen wir daran glauben, dass es auf der Welt zumindest größtenteils gerecht, wohlwollend und vorhersehbar zugeht. Wenn etwas schiefläuft, suchen wir nach Aufmunterung. Wenn es ungerecht zugeht, brauchen wir eine Rechtfertigung. Wenn etwas willkürlich passiert, benötigen wir eine Erklärung. Und in dieser emotionalen Ausnahmesituation klammern wir uns gewissermaßen an jeden kleinsten emotionalen Rettungsring – und der Hiobsbotschafter wird zum Sündenbock, obwohl er (oder sie) gar nichts dafür kann.

Heißt das nun, dass wir schlechte Nachrichten aus Angst vor Imageschäden lieber für uns behalten sollten? Natürlich nicht. Vielmehr sieht auch Leslie John ihre Studie als eine Art Warnung. Wer den Mut hat, etwas Trauriges zu überbringen, sollte wissen, worauf er sich einlässt. Machen Sie eindeutige Aussagen, bleiben Sie objektiv, geben Sie nachvollziehbare Gründe an und verhalten Sie sich respektvoll. Aber bitte erwarten Sie keine Gegenliebe.

51

Narzissmus begünstigt den Aufstieg

Rampensäue haben es leichter als Mauerblümchen

Ich würde Joko Winterscheidt gerne recht geben, aber es geht leider nicht. Der Fernsehmoderator investiert sein Geld inzwischen auch in junge Unternehmen, und bei der Auswahl hat er seine ganz eigenen Kriterien: »Die Idee muss geil sein, die Leute cool, und dann habe ich da Bock drauf«, sagte Winterscheidt einmal der *Süddeutschen Zeitung*. Und, ganz wichtig, er arbeite nur mit Menschen zusammenarbeiten, die ihm sympathisch seien: »Wir wollen eine arschlochfreie Zone sein.«

Ein schöner Plan, theoretisch – der sich praktisch allerdings als Utopie erweisen dürfte. Denn die Wahrscheinlichkeit, dass man im Berufsleben ausschließlich freundlichen Charakteren, stabilen Persönlichkeiten und gutmütigen Naturellen begegnet, tendiert gegen null. Egal ob es darum geht, eine Stelle überhaupt erst zu bekommen, eine Abteilung zu leiten oder ein Unternehmen zu führen: Vorteile haben nicht die bescheidenen, leisen, zurückhaltenden Menschen, die lieber zuhören und im Windschatten bleiben. Sondern die vorlauten, aufgedrehten, offensiven Typen, die sich gerne selbst reden hören, die das Rampenlicht schätzen – und die ihr Vorbild in einer tragischen Sagenfigur haben.

Der griechische Dichter Ovid berichtete in seinen *Metamorphosen* von einem schönen Jüngling namens Narkissos. Männer begehrten ihn ebenso wie Frauen, aber er liebte nur sich selbst und ließ alle Bewunderer abblitzen – darunter auch die Bergnymphe Echo. Weil sich aber niemand ungestraft mit Göttern anlegt, belegten die ihn mit einem perfiden Fluch: Narkissos verliebte sich in sein eigenes Spiegelbild. Als er sein Antlitz auf einer Wasseroberfläche entdeckte, wollte er sich mit ihm vereinen und ertrank. Anderen Versionen zufolge stieß er sich einen Dolch in die Brust, als er seine missliche Situation erkannte. Wie dem auch sei, Narkissos' Legende ist immer noch aktuell – wobei sich das Image der

Betroffenen ziemlich gewandelt hat. Früher galt Narzissmus als Perversion. Heute gilt er als Karrieresprungbrett.

Erstmals erwähnt wurde der Begriff 1898 von dem britischen Sexualforscher Havelock Ellis. Ein Jahr später bezeichnete der deutsche Psychiater Paul Näcke damit ein Verhalten, bei dem eine Person ihren Körper ähnlich behandelt wie ein Sexualobjekt, so dass sie sich ständig umarmen und küssen will. Heute, im Zeitalter der ständigen Selfies, Statusupdates und Selbstvermarktung, wird Narzissmus nicht mehr gegeißelt, sondern gewürdigt. Zahlreiche Studien deuten darauf hin, dass Narzissten berufliche Vorteile haben. Zum Beispiel im Jobinterview.

Wo sehen Sie sich in zehn Jahren? Warum wollen Sie bei uns arbeiten? Was sind Ihre Stärken und Schwächen? Solche Fragen sind der Klassiker jedes Vorstellungsgesprächs. Innerhalb von wenigen Minuten soll der Bewerber den Personaler mit passender Mimik, Gestik und Rhetorik überzeugen; seine Talente, Fähigkeiten und Kompetenzen souverän rüberbringen. Gerade Narzissten, die oft ein großes Maß an Charme und Eloquenz und ein positives Selbstbild mitbringen, fällt das in einem solchen Kontext leicht.

Das zeigte im Jahr 2013 eine Studie des kanadischen Sozialpsychologen Delroy Paulhus von der University of British Columbia. 222 Freiwillige sahen Videoaufnahmen fiktiver Bewerbungsgespräche. Mal verhielten sich die Kandidaten zurückhaltend und bescheiden, mal waren sie gnadenlose Selbstvermarkter, die viel und schnell über ihre Stärken sprachen, dem Personaler schmeichelten und jederzeit charmant rüberkamen. Sie ahnen es schon: Die Narzissten bekamen von den Beobachtern wesentlich höhere Punktzahlen – völlig unabhängig von ihrer tatsächlichen Qualifikation.

Zugegeben, das Bewerbungsgespräch begünstigt extrovertierte Personen besonders – zumal Narzissten, da sind sich Psychologen inzwischen einig, vor allem beim ersten Kennenlernen famos ankommen. Aber auch in anderen beruflichen Situationen haben sie natürliche Vorteile. Das stellte auch Amy Brunell im Jahr 2008 fest. Die Psychologin gewann 432 Testpersonen, die zunächst verschiedene Persönlichkeitstests absolvierten. Dann teilte sie sie in Vierergruppen, die nun den nächsten Vorsitzenden einer Studentenvereinigung bestimmen sollten. Hinterher erkundigte sich Brunell bei den Freiwilligen. Und siehe da: Als dominierende Kraft der Gesprächsrunden und als natürliche Anführer wahrgenommen wurden jene Personen, die beim vorigen Persönlichkeitstest besonders hohe Narzissmuswerte erzielt hatten.

Das erklärt auch, warum Narzissten in der Chefetage besonders häufig sind. Zum einen sind sie oft ehrgeizig, motiviert und machtbewusst. Zum anderen verfügen sie über die nötige emotionale und soziale Intelligenz, um Untergebene und Kollegen einzulullen. Das mag menschlich fragwürdig sein, aber finanziell können Unternehmen von solchen Persönlichkeiten profitieren. Zu diesem Fazit kam vor einigen Jahren auch Wolf-Christian Gerstner von der Friedrich-Alexander-Universität Erlangen-Nürnberg. Er analysierte die Investitionsentscheidungen von Pharmaunternehmen zwischen 1980 und 2008: Je narzisstischer der CEO, desto häufiger investierten die Unternehmen in neue Technologien.

Kein Wunder: Narzissten verfügen über ein großes Sendungsbewusstsein, das sie immer wieder aufs Neue bestätigt sehen wollen – und noch dazu über eine gehörige Portion Rücksichtslosigkeit. Eigenarten also, die bei riskanten, unsicheren Entscheidungen von Vorteil sein können. Zumindest in Maßen.

Doch machen wir uns nichts vor: Einen Narzissten zum Chef zu haben, ist kein Vergnügen. Solche Charaktere lieben sich selbst am meisten, sie neigen zu Arroganz und Selbstgefälligkeit – und gleichzeitig leiden sie unter Minderwertigkeitsgefühlen, die sie durch ständige Anerkennung kompensieren wollen. Umso wichtiger ist es, einen narzisstischen Vorgesetzten so zu akzeptieren, wie er ist; seine vermeintliche Großartigkeit niemals öffentlich infrage zu stellen (und auch im Dialog, wenn überhaupt, nur höchst subtil); und niemals zu erwarten, für besonders hübsche Ideen oder viele Überstunden von ihm oder ihr gelobt zu werden. Den Platz an der Sonne behält der Narzisst immer lieber für sich. Alle anderen müssen im Schatten warten.

52

Nette Menschen verdienen weniger

Klingt löblich, ist finanziell aber schädlich

Weniger als 48 Stunden braucht Deutsche-Post-Chef Frank Appel, um so viel Geld zu verdienen wie ein durchschnittlicher Post-Angestellter in einem ganzen Jahr – etwa 43 000 Euro. Zu diesem Ergebnis kam eine Studie des Instituts für Mitbestimmung und Unternehmensführung (IMU) der gewerkschaftsnahen Hans-Böckler-Stiftung im Jahr 2018. Demnach erhält Appel mit einem Jahresgehalt von zehn Millionen Euro das 232-fache eines normalen Mitarbeiters. In keinem anderen Dax-Konzern klafft die Schere zwischen Chef- und Personalgehalt so weit auseinander.

Warum erhalten einige wenige jedes Jahr Millionen von Euro, während die Mehrheit sich für einen Bruchteil davon mindestens ein Jahr lang abmüht? Auf diese Frage gibt es Dutzende möglicher Antworten. Es könnte mit Glück zu tun haben oder mit besonderen Fähigkeiten, mit Talent oder Fleiß – oder auch mit einem bestimmten Charakterzug. Das zumindest legte im Jahr 2018 eine Studie von Sandra Matz (Columbia Business School) und Joe Gladstone (UCL School of Management) nahe. Die beiden Managementforscher glauben nämlich: Nette Menschen verdienen weniger.

Im Alltag verhandeln wir ständig: mit den Freunden über das gemeinsame Urlaubsziel, mit dem Partner über den nächsten Besuch bei den lieben Verwandten, mit den Kindern über die Anschaffung einer Spielkonsole. Von klein auf lernen wir die Kunst des Bluffens. Doch sobald im Job das verbale Tauziehen ansteht, blühen manche auf, während andere verkrampfen. Und die Untersuchung von Matz und Gladstone legt nahe: Sie können nicht anders. Ihr Charakter steht ihnen im Weg.

Um eine Persönlichkeit zu beschreiben, haben Psychologen schon vor Jahrzehnten das Modell der »Big Five« entwickelt. Dabei handelt es sich um fünf Merkmale, die bei Menschen unterschiedlich stark ausgeprägt sind: Neurotizismus, Extraversion, Offenheit für Erfahrungen, Gewissenhaftigkeit und Verträglichkeit. Zum letzten Aspekt gehören Eigenschaften wie Selbstlosigkeit, Bescheidenheit, Vertrauenswürdigkeit. Man könnte auch sagen: Sehr verträgliche Menschen sind im besten Sinne des Wortes »nett«. Das mag menschlich löblich sein, ist finanziell aber schädlich.

Tatsächlich erschien jüngst eine Reihe von Studien, die einen Zusammenhang herstellten zwischen der psychologischen Disposition und der finanziellen Situation. Neurotizismus zum Beispiel, also eine gewisse emotionale Labilität, geht auffällig oft einher mit Schulden und Impulskäufen. Gewissenhaftigkeit wiederum korreliert oft mit hoher Sparsamkeit und wenig Schulden. Und Menschen mit einem hohen Anteil an Verträglichkeit verdienen tendenziell weniger Geld.

In der Vergangenheit herrschte Einigkeit: Es liegt an ihrem Charakter, denn ihnen sind Verhandlungssituationen zuwider. Menschen mit hoher Verträglichkeit wollen gefallen, nicht auffallen. Sie denken lieber an alle anstatt nur an sich, Vertrauen ist ihnen lieber als Misstrauen. Aber ist das der einzige Grund? Kostet einzig die Harmoniesucht Geld – oder spielt noch ein weiterer Faktor eine Rolle?

Matz und Gladstone werteten insgesamt sechs verschiedene Untersuchungen mit mehr als drei Millionen Datensätzen aus, sowohl von Briten als auch von US-Amerikanern – darunter die Ergebnisse von Umfragen und Selbsteinschätzungen ebenso wie Angaben von Banken zu den Kontodaten. Mal wollten die Forscher wissen, wie viele Schulden die Personen hatten, ob sie Geld angespart oder schon mal Privatinsolvenz angemeldet hatten. Und tatsächlich: Jene mit hohen Werten in puncto Verträglichkeit waren finanziell am schlechtesten gestellt. Weil sie so lieb waren? Nicht unbedingt. Sie hatten vor allem andere Prioritäten.

Das bemerkten Matz und Gladstone in einem weiteren Experiment. Darin fragten sie mehr als 600 Freiwillige, wie wichtig ihnen Geld war. Stimmten sie zu, dass man davon nie genug haben könne? Dass man sich dadurch fast alles kaufen könne und es zur gesellschaftlichen Akzeptanz beitrage? Und siehe da: Die Testpersonen mit hoher Verträglichkeit pfiffen tendenziell auf Reichtum. Anders formuliert: Geld war ihnen nicht so wichtig – jedenfalls nicht so sehr, dass sie bereit gewesen wären, sich dafür charakterlich verbiegen zu lassen.

Matz und Gladstone wissen selbst, dass die Botschaft ihrer Studie nicht unproblematisch ist, auch weil sie leicht missverstanden werden kann. Deshalb haben sie in ihrer Studie eine Art moralischen Appell untergebracht. Ja, Verträglichkeit habe das Potenzial, das Streben nach Eigeninteresse in Konfliktsituationen und Verhandlungen zu untergraben, schreibt das Duo, »aber es gibt auch viele Situationen, in denen Vertrauen und Kooperation zu einem positiven Ergebnis führen«. Oder anders formuliert: Wenn Sie ein netter Mensch sind, werden Sie vielleicht nicht unbedingt reich – aber verstehen Sie die Studie bitte nicht als Appell, im Büro künftig alle anderen wie Dreck, Luft oder Abschaum zu behandeln.

53

Nichtstun ist unerträglich

Menschen sind ungern mit ihren Gedanken allein

Ein Lottogewinn, das wärs! Oder die monatliche Sofortrente! Man würde sofort kündigen; dürfte fortan tun und lassen, was immer man will; müsste keine Termine mehr wahrnehmen, keine Verpflichtungen mehr eingehen; und hätte endlich Zeit für die wirklich wichtigen Dinge im Leben.

Wenn der Stress mal wieder zu viel wird, klingt die Vorstellung verlockend, die buchstäblich ruhige Kugel schieben zu können. Man hätte mehr Zeit für sich und seine Gedanken, alles wäre besser und man selbst viel entspannter!

Von wegen. Nichtstun ist nicht nur anstrengend – sondern bisweilen so unerträglich, dass Menschen sogar körperliche Schmerzen der seelischen Leere vorziehen.

Zu diesem kuriosen Fazit gelangte jedenfalls Timothy Wilson, Psychologieprofessor an der University of Virginia, im Jahr 2014. Für insgesamt sechs Experimente gewann er 146 Studenten, die zunächst ihre Smartphones wegschlossen. Nun sollten sie in einem Raum sitzen, mal sechs, mal 15 Minuten lang – und einfach nur ihren Gedanken nachgehen. Die einzigen Regeln lauteten, dass sie unbedingt auf dem Stuhl sitzen bleiben und keinesfalls einschlafen sollten. Nun könnte man vielleicht davon ausgehen, dass die Freiwilligen die Chance für eine kurze mentale Auszeit nutzten. Aber es kam anders. Im Anschluss wollte Wilson von den Probanden wissen, wie sie die Zeit im Zimmer empfunden hatten. 49 Prozent fanden die Übung schwer erträglich.

War daran vielleicht die eher sterile und fremde Laborumgebung schuld? Als nächstes bat Wilson knapp 50 Studenten darum, die gleiche Aufgabe zu Hause zu lösen, indem sie den Rechner anschalten und eine Website ansteuern sollten, auf der sie einen leeren Bildschirm sahen. Offensichtlich war es für die Probanden in der vertrauten Umgebung zu Hause ebenso schwierig, über den geforderten Zeitraum hinweg ausschließlich auf den Bildschirm zu starren und die Gedanken wandern zu lassen: Jeder Dritte hielt es nicht durch und gestand hinterher, sich mit dem Blick aufs Smartphone oder Musikhören abgelenkt zu haben.

Klar, werden Sie sagen, die Studenten von heute sind es eben nicht mehr gewöhnt, ruhig, diszipliniert und geduldig zu bleiben, ständig brauchen sie digitale Ablenkungen. Das hätte sich auch Timothy Wilson vorstellen können. Doch dann gewann er für ein weiteres Experiment Bürger mit einem Durchschnittsalter von 48 Jahren und stellte ihnen dieselbe Aufgabe – mit demselben Ergebnis: »Die meisten Menschen finden kein Vergnügen darin, einfach nur dazusitzen und nachzudenken«, sagt Wilson, »sie haben wesentlich lieber etwas zu tun.«

Diese Abneigung gegenüber dem gedanklichen Standby-Modus ist anscheinend tief in uns verankert. So sehr, dass manche Menschen sogar lieber Schmerzen in Kauf nehmen, bevor sie mit ihren Gedanken alleine gelassen werden. Das legt jedenfalls Wilsons letztes Experiment nahe. Darin überließ er es den Freiwilligen, wie sie die Zeit im stillen Kämmerlein nutzten. Sie konnten entweder nichts tun – oder sich mit einem kleinen Gerät einen Elektroschock verabreichen. Kaum zu glauben: Vielen Probanden war der schnelle Schmerz lieber als das qualvolle Nichtstun, vor allem den Männern. Von ihnen gönnten sich immerhin 67 Prozent einen zwar harmlosen, aber dennoch spürbaren Stromschlag – obwohl sie vorher noch behauptet hatten, lieber Geld zu zahlen, als einen solchen Schlag zu erleiden.

Was ist so schlimm daran, mal eben mit seinen Gedanken in einen Raum eingesperrt zu werden? Sind wir im Zeitalter des Always-on unfähig, zumindest ein paar Minuten lang gar nichts zu denken? Oder fürchten wir uns vor der Introspektion, weil wir nicht wissen, welche Gedanken und Gefühle dann womöglich an die Oberfläche gelangen? Ganz so kulturpessimistisch ist Wilson nicht. Er glaubt vielmehr, dass es vielen Menschen schwerfällt, ihre Gedanken bewusst in eine angenehme Richtung zu steuern und auch dort zu belassen, weil sie eben immer wieder an unerfüllte Wünsche und unerledigte Aufgaben denken. Deshalb, vermutet Wilson, erfreuen sich Meditations- und Achtsamkeitskurse so großer Beliebtheit. »Ohne ein solches Training ziehen die Menschen Machen dem Denken vor«, sagt er, selbst wenn sie normalerweise Geld bezahlt hätten, um diesen Aktivitäten aus dem Weg zu gehen: »Der unge-schulte Geist ist ungern mit sich selbst allein.«

Und das ist doch irgendwie tröstlich. Wenn Sie sich das nächste Mal über einen vollen Aufgabenzettel oder einen engen Terminplan ärgern, machen Sie sich bewusst: Wenn Sie gar nichts zu tun hätten, wäre das nicht nur ein Zeichen, dass man Sie nicht braucht. Besser ginge es Ihnen damit auch nicht. Für Leerlauf sind Fahrräder gemacht. Aber keine Men-schen.

54

Organisationen brauchen Hierarchien

Hackordnungen sind unbeliebt, aber unverzichtbar

Beginnen wir im Hühnerstall. Wenn dort viele Hennen zusammenkommen, die jede für sich mehr Eier legen als das Durchschnittshuhn, dann sinkt die Eierproduktion insgesamt. Die fleißigsten Hennen sind nämlich gleichzeitig die dominantesten, die Anwesenheit vieler Widersacher führt zu Kämpfen um Essen, Trinken und Platz – und dieser permanente Stress wirkt sich anscheinend negativ auf das Federvieh aus. Selbst im Hühnerstall braucht es also eine Hackordnung, mit Leistungsträgern, Mitläufern und Minderleistern. Oder anders: Es braucht eine Hierarchie.

Bei Menschen ist das scheinbar ganz anders. Diesen Eindruck könnte man zumindest aktuell gewinnen, denn kaum etwas ist bei Arbeitnehmern so schlecht beleumundet wie das Wort Hierarchie. Die institutionalisierte Rangfolge wird für so ziemlich jedes Übel verantwortlich gemacht, das Organisationen in den vergangenen Jahren verursacht haben. Egal ob der Missbrauchsskandal der katholischen Kirche, die Abgasaffäre bei VW oder die Pleite internationaler Großbanken: Überall war angeblich eine abgehobene Elite ganz oben zu weit entfernt von den Problemen, Sorgen und Nöten der Menschen ganz unten. Zementierte Machtstrukturen verhinderten Aufklärung, Ehrlichkeit und Fehlererkennung. Da wundert es kaum, dass vier von fünf Fachkräften in Deutschland am liebsten in einem Unternehmen mit flachen Hierarchien arbeiten wollen. Das ergab im Jahr 2017 eine Studie von StepStone und Kienbaum unter etwa 14 000 Personen.

Wie zeitgemäß und attraktiv klingen die Forderungen der New-Work-Anhänger, die von flexiblen Strukturen und agilem Arbeiten in wechselnden Teams träumen; vom Ende der Alphachefs, die über allem thronen und Befehle auf die Belegschaft herabregnen lassen. Wenn die Unterschiede zwischen denen da oben und denen da unten verschwinden, so das Kalkül, dann verschwinden auch die Probleme. Dann wird Machtmissbrauch nicht mehr institutionalisiert, dann werden die Wünsche der einfachen Angestellten nicht mehr ignoriert und die Hybris der Chefetage nicht mehr toleriert. Doch so verlockend das auch klingen mag: So einfach ist es nun auch wieder nicht.

Einerseits verdrängen die Verfechter flacher Hierarchien die Nachteile fehlender Strukturen. Basisdemokratisch neue Mitarbeiter einzustellen, klingt theoretisch toll. Aber wer übernimmt die Verantwortung, diese Mitarbeiter notfalls betriebsbedingt zu kündigen? Wer unterschreibt den Auflösungsvertrag? Wer verantwortet schlechte Zahlen? Wer trifft die strategisch wichtigen Entscheidungen, wenn alle Argumente ausgetauscht sind, aber trotzdem keine Einigkeit herrscht? Wer bewahrt die Angestellten davor, dass sie ihre Position ständig neu aushandeln müssen und sich in internen Konflikten aufreiben, anstatt ihrer eigentlichen Arbeit nachzugehen?

So enttäuschend es für die Sympathisanten einer neuen Form der Zusammenarbeit auch klingen mag: Es sind Hierarchien, die die Arbeit einer Organisation überhaupt erst ermöglichen. Und das nicht nur, weil sie gewissermaßen unvermeidlich sind, wenn Lebewesen aufeinandertreffen. Ja, tatsächlich – egal ob bei Menschen, Affen, Hunden oder Mikroorganismen: Wenn sich eine Gruppe zusammenschließt, bilden ihre Mitglieder fast automatisch und instinktiv eine Hackordnung. »Wissenschaftler haben schon oft versucht, eine Organisation zu finden, die nicht durch Hierarchie gekennzeichnet ist«, schrieben die beiden Managementforscherinnen Deborah Gruenfeld und Larissa Tiedens (beide Stanford Graduate School of Business) vor einigen Jahren in einer Studie, »aber es ist bislang niemandem gelungen.«

Die Pyramide ist nicht nur in architektonischer Hinsicht eine der ältesten Ideen der Welt – sondern auch im Hinblick auf die Arbeit in einer Gemeinschaft. Offenbar ist das Konzept einer Hierarchie sogar so tief in den Menschen verankert, dass sie sie instinktiv allen anderen Organisationsformen vorziehen. Darauf deutete vor einigen Jahren auch eine Studie von Emily Zitek (Cornell University) hin. In insgesamt fünf Experimenten konfrontierte sie Hunderte von Probanden mit verschiedenen Aufgaben. Wenn die Freiwilligen es mit Hierarchien zu tun hatten, konnten sie sich Namen besser merken und zeigten eine schnellere Auffassungsgabe, außerdem gaben sie Firmen mit einem traditionellen Organigramm höhere Sympathiepunkte als jenen mit alternativer Aufgabenteilung.

Eine Hierarchie mag nicht perfekt sein, aber immerhin weiß man, was man hat – und diese Mischung aus Vorhersehbarkeit und Bekanntheit stärkt das Vertrauen: »Gleichheit kann chaotisch sein, eine Hierarchie ist konzeptionell sauberer«, sagt Larissa Tiedens. Es sei ein großer Irrtum, dass mit dem Wegfall der Hackordnung alle Probleme gelöst seien. Im Gegenteil: »Die Abschaffung des Organigramms führt zu neuen Problemen.«

Im Tierreich hilft eine Hackordnung dabei, den Frieden zu wahren. Gewalt bricht dort nur aus, wenn eine Rangfolge angezweifelt wird. Sicher, ganz so dramatisch sind die Folgen im Büro nicht. Aber auch dort hilft die Rangfolge dabei, den Laden am Laufen und die Menschen am Arbeiten zu halten. Die Hierarchie klärt Zuständigkeiten, setzt Grenzen und stellt Ordnung her. Außerdem kann sie ein Motivator sein. Denn weil an der Spitze nun mal immer weniger Platz ist als am Boden, strengen sich die Menschen im Optimalfall an, um emporzusteigen und von mehr Macht oder Gehalt zu profitieren. Und davon hat dann die ganze Organisation etwas.

Das legte vor einigen Jahren auch eine Studie von Richard Ronay nahe. In seinen Experimenten bemerkte der Psychologe von der Columbia University: Wenn die Probanden kooperieren mussten, schnitten sie besser ab, wenn es eine klare Aufteilung gab. »Gut funktionierende Teams brauchen sowohl Anführer als auch Mitläufer«, sagt Ronay, »sonst leidet die Zusammenarbeit.«

Nun will kein Hierarchieexperte ihre Nachteile verschweigen, im Gegenteil. Menschen lassen sich vom süßen Gift der Macht allzu leicht und immer wieder verführen, um sich selbst zu bedienen und andere zu unterdrücken. Wenn Hierarchien also im Grunde alternativlos sind, aber nicht ohne Systemfehler auskommen – wie lassen sie sich zum Wohle aller gestalten?

Mit dieser Frage beschäftigte sich im Jahr 2017 auch ein Team von Autoren aus Philosophen und Politikwissenschaftlern um Stephen Angle, Professor an der Wesleyan University in Middletown, Connecticut. Zum einen solle man Macht immer zeitlich begrenzen, um Missbrauch vorzubeugen. Zum anderen dürfe man nur jene an die Schalthebel lassen, die damit auch umgehen können. Symbol dieser Geisteshaltung ist laut Angle eine Idee des chinesischen Philosophen Konfuzius: Auch bei ihm gibt es einen Lehrer, der über dem Schüler steht – aber alle Beteiligten wissen, dass der Lehrer es darauf anlegt, dass der Schüler ihn eines Tages überholt. Natürlich ist eine Hierarchie nicht perfekt. Aber eine bessere Organisationsform ist aktuell nicht in Sicht – und deshalb müssen wir das Beste aus ihr rausholen, um ihre negativen Aspekte zu unterdrücken.

55

Pendeln kann man sich schönreden

Kopfarbeit lindert den Stress im Stau

Das Leben könnte so wunderbar sein – wenn da nicht der Weg ins Büro wäre. Jeden Morgen quetschen sich 60 Prozent der deutschen Arbeitnehmer – immerhin etwa 18 Millionen Menschen – in Busse und Bahnen oder drängeln sich auf den Autobahnen. Im Schnitt pendeln sie dabei 16,8 Kilometer, hat das Bundesinstitut für Bau-, Stadt- und Raumforschung ausgerechnet, wobei vor allem die Menschen in den Großstädten betroffen sind. In München hatten im Jahr 2015 mehr als 350 000 Menschen ihren Arbeitsort nicht an ihrem Wohnort, knapp 45 Prozent aller Beschäftigten. In Frankfurt am Main lag der Anteil sogar bei 65 Prozent. Im Durchschnitt pendeln die deutschen Berufspendler 60 Minuten täglich – wenn es gut läuft (was es natürlich selten tut). Lebenszeit, die nie wieder zurückkommt.

Warum tun die sich das alle an? Tatsächlich warnen Experten seit Jahren vor den negativen Folgen des Pendelns. Es lässt sich nicht leugnen: Langfristig riskieren die Betroffenen seelische wie körperliche Folgen. Pendeln macht krank, vergesslich und unglücklich.

Zu diesem Ergebnis kam im Jahr 2010 zum Beispiel das US-Forschungsinstitut Gallup. An einer Umfrage nahmen mehr als 170 000 Amerikaner teil. Von den Pendlern, die täglich mehr als 90 Minuten unterwegs waren, litt jeder Dritte unter Nackenproblemen, Rückenschmerzen und Übergewicht. Der britische Stressforscher David Lewis maß im Jahr 2004 fünf Jahre lang den Blutdruck und die Herzfrequenz von 125 Pendlern und bemerkte: Die Probanden vergaßen häufig Teile ihrer Wegstrecke – die so genannte Pendler-Amnesie. Und als der Wirtschafts-Nobelpreisträger Daniel Kahneman von der Princeton University im Jahr 2003 die Emotionen von knapp 1 000 Personen rekonstruierte, stellte er fest: Pendeln war die Aktivität, die die Teilnehmer am unglücklichsten machte.

Manche glauben sogar, das Dilemma in Zahlen messen zu können. Der Schweizer Ökonom Bruno Frey wertete im Jahr 2004 Daten des Sozio-ökonomischen Panels aus: Wer für den Weg zur Arbeit eine Stunde benötigt, muss demnach theoretisch 40 Prozent mehr verdienen, um genau so glücklich zu sein wie jemand, dessen Büro in Laufweite liegt.

Warum ziehst du nicht einfach um?, fragen mich manche Kollegen immer wieder. Sie können nicht verstehen, wie ich mir das jeden Tag antun kann, morgens von Haus- zu Bürotür etwa 90 Minuten zu brauchen und abends noch mal genauso lang. Nun ja, antworte ich, meine Heimat ist nun mal in Köln, dort steht unser Haus, dort gehen unsere Töchter in den Kindergarten, dort wohnen unsere Freunde. Sowas lässt man nicht einfach so hinter sich. Wenn also feststeht, dass man ums Pendeln nicht herumkommt – gibt es eine Methode, den Weg angenehmer zu gestalten?

Diese Frage stellte sich im Jahr 2016 auch Jon Jachimowicz. Der Psychologe der Columbia Business School befragte mit seinem Team zunächst 225 Mitarbeiter eines britischen Medienunternehmens – und stieß auf einen interessanten Zusammenhang: Ob die Personen psychisch unter der täglichen Pendelei litten, war vor allem abhängig von ihrem Charakter. Jachimowicz ließ die Freiwilligen zehn Aussagen bewerten, von eins (Das passt zu mir) bis fünf (So bin ich gar nicht). Darunter: »Mir fällt es leicht, Versuchungen zu widerstehen«, »Man sagt mir eine große Disziplin nach« oder »Ich tue häufig Dinge, die ich später bereue«. So machte sich der Psychologe ein Bild von der Selbstkontrolle der Personen. Außerdem wollte er von ihnen wissen, ob sie unter ihrem langen Arbeitsweg litten. Und siehe da: Betroffen waren vor allem jene, die über wenig Selbstkontrolle verfügten. Aber wieso?

Pendler haben zwei Möglichkeiten: Sie können die Fahrt für private Zwecke nutzen und versuchen zu entspannen – indem sie Musik hören, ein Buch lesen oder einfach nur zum Fenster herausschauen. Oder aber sie nutzen die Zeit für berufliche Zwecke – Pläne schmieden, Ziele setzen, die Aufgabenliste füllen zum Beispiel. Letztlich ist die Entscheidung auch eine Frage der Disziplin – und das wirkt sich auf die Zufriedenheit der Pendler aus.

Im zweiten Teil der Studie sollten knapp 250 Berufspendler sagen, woran sie auf dem Arbeitsweg dachten. Lenkten sie sich mit Musik und Büchern ab oder beschäftigten sie sich mit den anstehenden Aufgaben? Und siehe da: Wer sich gut selbst beherrschen konnte, nutzte den Arbeitsweg eher für Gedanken an den Job – und war langfristig glücklicher. Darauf deutet zumindest der dritte Teil von Jachimowicz' Studie hin. Da teilte er 154 Pendler in zwei Gruppen. Die eine Hälfte erhielt morgens eine SMS: »Bitte nutzen Sie die anstehende Fahrt zumindest ein paar Minuten lang, um berufliche Pläne zu schmieden.« Die zweite Hälfte sollte sich auf der Fahrt so wie immer verhalten.

Sechs Wochen später kontaktierte Jachimowicz beide Gruppen erneut. Das Ergebnis: Wer den Weg zur Arbeit beruflich genutzt hatte, der war mit seinem Job zufriedener und fühlte sich geistig frischer als die Mitglieder der zweiten Gruppe. Offenbar wirken zielgerichtete Überlegungen als gedanklicher Puffer gegen die Stressfaktoren des Pendelns. Anstatt die zahlreichen negativen Aspekte auszublenden – was meist ohnehin nicht funktioniert –, sollten wir uns also lieber darauf besinnen, die Fahrt für produktive Gedanken zu nutzen. Davon profitiert nicht nur unsere Arbeit, sondern auch unsere seelische Balance. Und verwandelt die Zeit als Pendler vom notwendigen Übel zum sinnvollen Segen. Es kommt eben drauf an, was man draus macht.

56

Perfektionismus ist sinnlos

Es ist ein Fehler, keine Fehler machen zu wollen

Wer im Bewerbungsgespräch nach seiner größten Schwäche gefragt wird, der sollte mit einem Satz antworten: »Ich bin ein Perfektionist.« Das zumindest raten immer wieder selbst ernannte Karriereexperten. Die Anwärter sollen damit subtil Eindruck schinden, indem sie eine tatsächliche Stärke als vermeintliche Schwäche tarnen. Ganz abgesehen von dieser etwas zweifelhaften Gesprächsstrategie und der Frage, was denn diejenigen hier antworten sollen, die tatsächlich alles andere als perfektionistisch veranlagt sind – stimmt das überhaupt? Ist Perfektionismus tatsächlich eine erstrebenswerte Eigenschaft?

Das fragte sich im Jahr 2018 auch Dana Harari vom Georgia Institute of Technology. Deshalb stöberte die Organisationspsychologin für eine Übersichtsstudie in zahlreichen wissenschaftlichen Datenbanken. Darin suchte sie sämtliche Studien, die sich mit den beruflichen Folgen von Perfektionismus auseinandergesetzt hatten. Immerhin fand sie dabei 95 solcher Arbeiten. Und um es vorwegzunehmen: Das Ergebnis dürfte alle enttäuschen, die das Streben nach Perfektion zu ihrem beruflichen Lebensmotto erkoren haben. Würde man die Vor- und Nachteile des Perfektionismus gegeneinander aufwiegen, dann würden die Schattenseiten dominieren.

Warum manche Menschen ein Bedürfnis nach Makellosigkeit verspüren, kann niemand genau sagen. Es wird vermutet, dass die Wurzeln der Eigenschaft in der Kindheit liegen. Wenn Eltern ihre Liebe und Zuneigung nur bei entsprechenden Leistungen zeigen, machen Kinder ihren persönlichen Wert von Erfolgen abhängig – und glauben auch als Erwachsene, nur bei herausragenden Verdiensten ein vollwertiges Mitglied der Gemeinschaft zu sein.

Fakt ist jedenfalls, dass Arbeitspsychologen dem Perfektionismus einerseits durchaus positive Seiten abgewinnen können. Wer immer das

Beste will, arbeitet umso fleißiger, sorgfältiger und engagierter. Dagegen kann kaum jemand etwas haben, zumal diese Eigenschaften das Markenzeichen des prominentesten deutschen Berufszweigs sind: Niemand verkörpert Genauigkeit, Gewissenhaftigkeit, Sorgfalt und Präzision so sehr wie der Ingenieur. In seinem Fall hat diese Kompromisslosigkeit durchaus ihre Berechtigung. Wer will schon ein Auto kaufen, das nach 50 Kilometern auseinanderfällt, oder eine Maschine, die mehr steht als läuft?

Doch wie so oft macht auch hier die Dosis das Gift. Denn Perfektionismus mündet schnell in Verbissenheit, Fanatismus und übertriebenen Erwartungen. Die Betroffenen neigen dazu, am eigenen Anspruchsdenken zu scheitern. Weil sie immer nur das Beste akzeptieren, leiden sie unter Versagensängsten. Und selbst wenn mal was klappt, denken sie schon wieder ans nächste Mal, anstatt auch mal innezuhalten und den Moment zu genießen. Wenn das Glas nicht randvoll ist, dann ist es für sie fast schon leer. So entsteht eine Abwärtsspirale aus Streben und Scheitern. Wer aber sowohl an sich als auch an sein Umfeld – Mitarbeiter, Kollegen, Freunde, Partner – derart übertriebene Ansprüche stellt, macht sich auf Dauer unbeliebt und unglücklich. Und das, bemerkte Harari in ihrer Studie, wirkt sich negativ auf die Arbeit aus: »Es besteht praktisch keinerlei Verbindung zwischen der Leistungsfähigkeit und dem Perfektionismus.«

Was sich daraus lernen lässt? Natürlich sollten wir auch weiterhin unser Bestes geben. Doch bei allem Ehrgeiz dürfen wir nicht vergessen, dass gut oft gut genug ist. Perfektionisten begeben sich auf eine Jagd, die niemals endet. Denn selbst wenn sie erfolgreich sind, dann empfinden sie selbst das niemals so. Und das hat fatale Folgen. Sie trauen sich keine Aussagen mehr zu, die noch nie getätigt wurden; verlieren sich in überflüssigen Details; und fürchten sich davor, neue Ideen vorzustellen. Alles getrieben von der Angst, sich lächerlich zu machen.

Machen Sie sich lieber bewusst: Das perfekte Leben ist eine Illusion, eine gefährliche noch dazu. Wer immer in Bewegung ist, kommt niemals ans Ziel. Den perfekten Partner gibt es ebenso wenig wie den perfekten Job. Anstatt ständig nach dem Haar zu suchen, muss man auch einfach mal die Suppe genießen.

57

Ein Plan B macht alles kaputt

Der Gedanke an einen Alternativplan kostet Energie

Als ich beschloss, dieses Buch zu schreiben, gab es nur zwei Möglichkeiten: ganz oder gar nicht. Spätestens mit Unterzeichnung des Autorenvertrags blieb nur noch eine Möglichkeit. Wobei: Natürlich hätte ich das Projekt absagen können. Aber das hätte mich den Vorschuss gekostet und, viel schlimmer noch, meinen Ruf (und drittens meinen Stolz verletzt). Das Buch gar nicht mehr zu schreiben, kam ebenso wenig infrage wie ein anderes, kürzeres Werk. Aber das ist auch gut so – denn die bloße Existenz eines Plan B hätte mich womöglich die Kraft gekostet, die ich dringend brauchte, um es tatsächlich zu beenden.

Die Zukunft hat es leider an sich, dass niemand sie exakt voraussagen kann, egal in welchem Bereich. Der Gründer kann nie genau wissen, ob Investoren seine Geschäftsidee ebenso grandios finden wie er selbst. Der Erfinder weiß nicht, ob die Kunden das Produkt wirklich wollen. Der Student hat keine Garantie dafür, dass ihm die Plackerei im Studium wirklich zur erwünschten Stelle verhilft. Je ambitionierter die Ziele, desto höher die Gefahr des Scheiterns – und desto unsicherer der Ausgang.

Durchaus gut und gesund, einerseits. Ehrgeiz ohne eine Spur von Selbstzweifeln endet meist im Größenwahn. Andererseits ist Unsicherheit ein Zustand, den Menschen nur ungerne ertragen. Und weil sie eben nie genau wissen, ob Plan A wirklich funktioniert, schmieden sie vorsichtshalber schon mal Plan B. Motto: Wenn es nicht klappt, hat man immer noch die Rückfalloption. Dadurch ist die Unsicherheit zwar nicht weg, aber zumindest gefühlt geschmälert.

Nun ist gegen Pläne per se nichts einzuwenden. Egal ob es darum geht, sich gesünder zu ernähren, Sport zu treiben, mit dem Rauchen aufzuhören oder häufiger zur medizinischen Vorsorge zu gehen – zahlreiche

Studien zeigen: Wer genau überlegt, wann und wie er das Ziel erreichen will, erhöht damit seine Erfolgschancen.

Man könnte also meinen, dass es ratsam ist, einen Plan B in der mentalen Tasche zu haben. Allein schon aus praktischen Gründen: Wenn das eigentliche Ziel verfehlt wurde, müssen wir uns gar nicht lange grämen, sondern können uns gleich der Alternative widmen. Das spart Zeit und Nerven. Wer kennt es nicht: Wer mal wieder daran scheitert, bis zu einem feierlichen Anlass genug Gewicht abzunehmen, um in ein schickes Kleidungsstück zu passen, kauft sich eben einfach ein neues.

Doch so verständlich diese Methode auch ist: Sie hat gewaltige versteckte Kosten. »Der bloße Gedanke an einen Alternativplan kann die Energie kosten, am eigentlichen Ziel zu arbeiten«, sagen Jihae Shin (University of Wisconsin-Madison) und Katherine Milkman (Wharton Business School), »und damit die Wahrscheinlichkeit senken, das ursprüngliche Ziel zu erreichen.«

Zu diesem Ergebnis gelangten die beiden Psychologinnen in einer Studie, für die sie im Jahr 2016 vier verschiedene Experimente konzipierten. Mal versammelten sich ihre Freiwilligen im Labor, mal vor dem Rechner. Alle konnten etwas gewinnen, falls sie eine Aufgabe lösten. Hier eine kostenlose Süßigkeit, dort Geld oder Freizeit. Doch in jedem Versuch sollte eine Hälfte der Probanden schon mal Ersatzpläne schmieden für den Fall, dass sie das ursprüngliche Ziel verpasste – zum Beispiel, wie sie alternativ an Essen kommen, Zeit sparen oder Geld verdienen konnte. Und siehe da: Die Gruppe mit Ausweichplänen schlug sich bei jeder Aufgabe schlechter. Schon seltsam: Was die Versagensangst schmälern sollte, senkte in Wahrheit die Motivation. Aber wieso?

Die beiden Wissenschaftlerinnen erklären sich das Ergebnis wie folgt: Um ein Ziel zu erreichen, müssen wir uns anstrengen. Die Vorstellung, zu versagen, muss zumindest in einem gewissen Rahmen Angst auslösen – nicht so sehr, dass sie uns lähmt, aber zumindest so, dass sie uns antreibt. Wenn wir nun aber wissen, dass wir gewissermaßen weich landen, falls wir das ursprüngliche Ziel verpassen, dann lindert das zwar einerseits die Angst, senkt dadurch gleichzeitig aber die Motivation. Anders formuliert: Das Sicherheitsnetz wirkt wie eine Überdosis Beruhigungsmittel.

Nun plädieren auch Jihae Shin und Katherine Milkman nicht dafür, komplett auf Alternativpläne zu verzichten. Vielmehr appellieren sie daran, sie sorgfältig zu formulieren. Eine Lösung könnte etwa darin bestehen, den Plan B eindeutig unattraktiver zu gestalten als das eigentliche Ziel. Dann steht man im Falle des Scheiterns zwar nicht mit völlig leeren Händen da, hat aber immer noch genug Anreiz, alles zu geben. Eine andere Möglichkeit ist es, dass ein enger Freund oder ein guter Kollege den Plan B für uns formuliert. Dann verteilt sich die Last auf mehrere Schultern.

Aber bei aller Sorgfalt kann ein Plan B auch Aufschluss darüber geben, ob unsere Ziele tatsächlich mit unseren innersten Wünschen übereinstimmen. Wenn wir etwas wirklich wollen, lassen wir uns von der Alternative nicht abbringen. Wenn es an Plan B scheitert, könnte es vielleicht daran liegen, dass wir Plan A von vornherein gar nicht so erstrebenswert fanden.

58

Prokrastination wird zu Unrecht verteufelt

Mit Druck lässt sich besser arbeiten

Eigentlich hätte dieses Buch früher fertig sein sollen. Und zunächst sah es auch gut aus. Nachdem der Vertrag mit dem Verlag unterschrieben und ein Abgabedatum festgelegt war, nahm ich einen Kalender in die Hand, legte eine Excel-Tabelle an und plante, bis wann ich welches Kapitel schreiben musste, um am Ende alle Abschnitte Korrektur lesen zu können. Ganz in Ruhe, versteht sich. Soweit der Plan.

Tatsächlich kam es dann so, wie es eigentlich immer kommt: Wenn ich nach Feierabend vor dem Laptop saß, schaute ich irgendwelche sinnlosen Videos, verlor mich in der Internetrecherche oder las Texte, die mit der Arbeit am Buch eher weniger zu tun hatten. Nach einigen Wochen stellte ich fest, dass ich schon weit hinter dem Zeitplan zurücklag. Und am Ende musste doch wieder alles ganz schnell gehen.

Psychologen bezeichnen dieses Verhalten als Prokrastination, eine Wortschöpfung aus den lateinischen Begriffen »pro« (»für«) und »cras« (»morgen«). Deren Ausmaß kennt nahezu jeder: Je näher die Deadline rückt, desto lieber trinkt man mit dem Kollegen einen Kaffee oder hält ein Pläuschchen in der Küche. Wer prokrastiniert, der verschiebt Aufgaben, obwohl er sich der negativen Konsequenzen völlig bewusst ist – weil kurzfristige Belohnungen in dem Moment attraktiver sind als eventuelle Anerkennung in der Zukunft. Aber das rächt sich: Permanentes Vertagen führt dazu, dass wichtige Fristen nur dank Nachtschichten und Überstunden eingehalten werden können.

Eine Angewohnheit, unter der längst nicht nur Autoren im Nebenerwerb leiden, sondern auch Weltstars. George R. R. Martin, Schöpfer von *Game of Thrones*, musste vor einigen Jahren eingestehen, dass er die vom Verlag gesetzte Frist reißen würde: »Das Buch«, sagte Martin nur lapidar, »wird fertig sein, wenn es fertig sein.«

Berühmte Schriftsteller können sich solche Extravaganzen leisten, normale Angestellte eher weniger. Umso wütender sind sie auf sich selbst, wenn sie sich mal wieder beim Aufschieben ertappen, obwohl sie es eigentlich besser wissen müssten. Warnte nicht schon der römische Politiker Cicero vor »Verzögerung und Aufschub«? Mahnte nicht der griechische Dichter Hesiod, dass man seine Arbeit nicht auf morgen verschieben dürfe, da sonst Armut und Niedergang drohten? Beim nächsten Mal wird alles anders. Ganz sicher! Und dann passiert es erneut. Die Steuererklärung ist in drei Tagen fällig, doch anstatt Belege zu sortieren, putzt man das Bad. Die Präsentation müsste vorbereitet werden, doch lieber liest man sich bei Wikipedia fest und springt von Hyperlink zu Hyperlink.

Ein fataler Fehler!, versuchen Produktivitätscoaches den Menschen einzureden, und warnen vor den negativen Folgen. Regelmäßige Aufschieber werden demnach öfter krank und achten weniger auf ihren Lebensstil. Deshalb wollen uns die Experten mit mehr oder weniger sinnvollen Übungen zu mehr Disziplin verhelfen. Bei der ABC-Methode sollen wir Aufgaben nach Priorität ordnen: A bedeutet sehr wichtig (erledigen), B steht für weniger wichtig (aufschieben), C unwichtig (vergessen); bei der Eisenhower-Methode sollen wir Aufgaben in zwei Kategorien unterteilen, wichtig/unwichtig und dringend/nicht dringend. Nun erstellen Sie ein Koordinatensystem: oben eilig, unten nicht eilig, links wichtig, rechts unwichtig. Das Kästchen rechts unten bitte vernachlässigen (unwichtig, nicht dringend); den Quadranten darüber (unwichtig, aber eilig) delegieren. Die Aufgaben aus unten links (wichtig, nicht eilig) einplanen, die Dinge oben links direkt angehen (wichtig und eilig).

Alles nicht verkehrt. Und ich will die Last-Minute-Attitüde auch gar nicht verherrlichen. Aber gleichzeitig ist es an der Zeit, das Thema lockerer zu sehen. Denn die Anzeichen mehren sich, dass wir Aufschieber gar nicht pathologisieren müssen. So schlimm wie befürchtet ist Prokrastination gar nicht.

Das glaubt zum Beispiel Jin Nam Choi, Professor für Personalmanagement an der Seoul National University. Er unterscheidet zwischen aktiven und passiven Prokrastinierern. Letztere wollen eigentlich gar nichts aufschieben, sind aber zu faul, gehemmt oder undiszipliniert, um sich Mühe zu geben. Aktive Prokrastinierer hingegen zögern das Erledigen der Aufgabe absichtlich hinaus, weil es gerade scheinbar etwas Besseres zu tun gibt. Allerdings gönnen sie sich diese Disziplinlosigkeit in vollem Bewusstsein dessen, dass sie deshalb auf der Zielgrade wieder mehr Gas geben müssen – und in der Gewissheit, dass es am Ende doch wieder reichen wird.

Tatsächlich zeigt eine Reihe neuer Studien: Aktive Aufschieber haben ihr Zeitbudget besser im Griff, vertrauen ihren Fähigkeiten, gehen lockerer mit Stress um und sind auf den letzten Metern noch mal umso produktiver. »Aktive Aufschieber empfinden Zeitnot als positiven Stress und Motivator«, sagt Jin Nam Choi. Unter Umständen kann das Vertagen also nützlich sein.

Vielleicht sollten wir es als eine Art Priorisieren verstehen. Man verschafft sich eine Auszeit; hat mehr Zeit, Informationen zu sammeln; trifft hinterher bessere Entscheidungen; und kommt auf bessere Ideen. Ja, Sie müssen irgendwann fertig werden. Aber in einer Welt, in der alle auf den schnellen Schuss setzen, lohnt der lange Atem. Auch wenn es dann auf der Zielgeraden mal wieder hektisch wird (siehe Kapitel »Ohne Termindruck passiert nichts«).

59

Querdenker haben es schwer

Neue Ideen treffen immer auf Skepsis

Frühchen werden besonders verwöhnt. Wenn sie schon vor dem eigentlichen Geburtstermin auf die Welt kommen, dann wollen ihre Eltern sie erst recht umsorgen. Bei Ideen, die zu früh kommen, verhält es sich etwas anders. Ihre Urheber ernten keine Fürsorge, sondern Spott, Hohn und Häme.

Ein besonders eindrückliches Beispiel lieferte die Weltausstellung 1939 in New York. Unter dem Motto »Building the World of Tomorrow« sollten die Aussteller zeigen, wie sie sich die Zukunft ausmalten. David Sarnoff, Chef der Radio Corporation of America (RCA), präsentierte an seinem Stand etwas ganz Besonderes: den ersten Fernseher der Welt. Wie diese Innovation ankam? Nun ja. »Die Leute müssen sitzen bleiben und den Schirm im Auge behalten«, schrieb die *New York Times* hinterher, »dafür hat die amerikanische Durchschnittsfamilie keine Zeit.« Das ist fast so schön wie die falsche Prognose des Microsoft-Mitgründers Bill Gates aus dem Jahr 1993: »Das Internet ist nur ein Hype.« Im Nachhinein wirkt die Skepsis naiv und ignorant. Wie konnten die renommierte Zeitung und der clevere Programmierer diese Ideen bloß dermaßen verkennen? Warum realisierten sie deren Potenzial nicht gleich?

Wenn es nach dem französischen Philosophen Victor Hugo geht, ist nichts so mächtig wie eine Idee, deren Zeit gekommen ist. Demnach ist ein guter Einfall unter gewissen Umständen unschlagbar. Was für eine beruhigende, aufbauende Botschaft. Am Ende setzt sich immer die kluge Innovation durch. Doch bei so viel Optimismus darf man nicht vergessen: Vor allem am Anfang hat es das Neue oft schwer. Und das, glaubt zumindest die US-amerikanische Psychologin Jennifer Mueller, verdanken wir auch einer natürlichen Aversion gegenüber Kreativität. Menschen sind Gewohnheitstiere, die ihre kuschelige Komfortzone ungerne verlassen – und neue Ideen sehen sie daher automatisch skeptisch.

Offen zugeben würde das natürlich niemand, vor allem nicht in der aktuellen Gemengelage. In Zeiten der digitalen Disruption sind alle Unternehmen auf Kreativität angewiesen. Kaum eine Woche vergeht, in der nicht irgendwo ein Innovationsguru, Chief Innovation Officer oder Digital Evangelist das »next big thing« propagieren und Unternehmen den Weg dorthin weisen will.

Aber warum gibt es dann so viele Beispiele von Erfindern und Innovatoren, deren Einfälle auf institutionellen Widerstand trafen? Deren Ideen zunächst lange Zeit nicht bejubelt, sondern beschimpft wurden? Jennifer Mueller, außerordentliche Professorin an der University of San Diego, ist in ihren Studien zu einem ernüchternden Fazit gelangt: »Die Welt missbilligt Kreativität im Allgemeinen«, sagt Mueller, »ihr negatives Image ist in den Menschen tief verwurzelt.«

Wie mächtig diese Intoleranz ist, bemerkte Mueller vor einigen Jahren in mehreren Versuchen. Sie wusste um den guten Ruf der Kreativität, deshalb wählte sie für ihre Experimente eine besondere Methode. Anstatt die Teilnehmer offen nach ihrer Sympathie für Ideenreichtum zu fragen und sozial erwünsche Antworten zu bekommen – wer bekennt sich da schon zu einer reaktionären Attitüde –, verwendete Mueller den impliziten Assoziationstest. Mit diesem Verfahren versuchen Wissenschaftler seit einigen Jahren zu ergründen, wie Menschen wirklich ticken – und zwar mittels einer cleveren Versuchsanordnung.

Stark vereinfacht läuft das wie folgt: Die Probanden sehen auf einem Monitor gewisse Begriffe, die sie mit einem Klick auf die Tastatur positiv oder negativ bewerten sollen. Die Idee dahinter: Je schneller sie gewisse Begriffe zusammenbringen, desto stärker sind ihre unbewussten Verbindungen zwischen den beiden Ausdrücken. Bevor es losging, polte Mueller einen Teil der Probanden gedanklich auf Unsicherheit – indem sie ihnen mitteilte, dass ein Los hinterher entscheiden werde, ob sie für ihre Teilnahme noch einen kleinen Geldbetrag erhalten würden. Sicher, nur eine Kleinigkeit. Aber die wirkte. Im Anschluss sahen alle Freiwilligen einerseits Begriffe, die im engeren oder weiteren Sinne mit Kreativität verbunden sind (neu, kreativ, erfinderisch, originell) und solche, die man eher mit Nützlichkeit verbindet (praktisch, funktional, konstruktiv, nützlich). Und siehe da: Die Probanden der Kontrollgruppe assoziierten die

Kreativitätsbegriffe häufiger mit den positiv besetzten Ausdrücken. Ganz anders war die Reaktion in der Unsicherheitsgruppe: Sie verband Kreativität wesentlich stärker mit negativen Begriffen.

Wie sehr sich das Gefühl der Unsicherheit auf die Sympathie für neue Ideen auswirkt, zeigte ein weiterer Versuch. Wieder absolvierten die Probanden den impliziten Assoziationstest. Doch dieses Mal bewerteten sie eine tatsächliche Innovation – einen Laufschuh, der dank Nanotechnologie die Dicke des Stoffs anpassen kann, um den Fuß zu kühlen und Blasen zu vermeiden. Eigentlich gar keine dumme Idee. Das sahen die Teilnehmer allerdings anders: Wer zuvor mental auf Unsicherheit eingestellt wurde, zeigte eine größere Aversion dem Schuh gegenüber.

Das Phänomen dürfte jeder schon einmal erlebt haben, egal ob im Berufs- oder Privatleben. Kreative Ideen zeichnen sich nun mal dadurch aus, dass sie neu sind, sonst wären sie nicht kreativ. Aber genau da beginnt das Problem. Niemand weiß, ob dieses Neue funktionieren, ob es Kunden finden und Geld einbringen wird. Wer auf etwas Unbekanntes setzt, der verstößt immer gegen Traditionen und Konventionen; und setzt sich automatisch Unsicherheit aus. Ein Gefühl, das die meisten Menschen gerne vermeiden. Und deshalb bleiben sie lieber beim Altbekannten, anstatt etwas zu riskieren.

Das soll nun nicht heißen, dass Sie keine Ideen mehr einbringen sollen. Erwarten Sie aber bloß keine Gegenliebe für Ihre Einfälle, sondern rechnen Sie mit Ablehnung und Widerständen.

60

Wer um Rat bittet, wirkt kompetenter
Unwissenheit beweist Souveränität

In Zeiten der Schwarmintelligenz muss niemand mehr alleine verdummen. Theoretisch wartet an jeder digitalen Ecke jemand, der uns bei einem Problem eine Lösung, bei einer Frage eine Antwort, bei einer Sackgasse einen Ausweg zeigen kann. Praktisch gesteht niemand gerne seine Unwissenheit. Wer gibt sich schon gerne der Lächerlichkeit hin und offenbart freiwillig eine Schwäche? Bevor man jemanden um Hilfe fragt, tappt man lieber alleine im Dunkeln.

Dabei würde uns nicht nur ein Lichtlein aufgehen, wenn wir einen Experten konsultieren. Dieses Licht würde sogleich auf uns selbst abstrahlen: »Bei schwierigen Aufgaben erhöht es den Eindruck von Kompetenz, um Rat zu fragen«, schrieb vor einigen Jahren Alison Wood Brooks von der Harvard Business School.

Sie konzipierte acht verschiedene Experimente. Auch dort befürchteten die Freiwilligen zu Beginn: Wer einen Kollegen um Rat fragt, wirkt in dessen Augen inkompetenter. In den weiteren Versuchen war es genau umgekehrt. Bei einem davon sollten 170 Studenten unter Zeitdruck komplizierte Denksportaufgaben am Bildschirm lösen. Nach dem ersten Durchgang meldete sich ihr fiktiver Spielpartner. Mal teilte er nur mit, dass er ihnen gutes Gelingen wünschte. Mal fragte er sie gleichzeitig, ob sie irgendwelche Ratschläge für ihn hätten. Nun sollten alle Freiwilligen die Kompetenz ihres Partners bewerten und einschätzen, wie wahrscheinlich es sei, dass sie ihn ebenfalls um Rat fragen würden. Und siehe da: Wer zuvor konsultiert worden war, schätzte den Partner kompetenter ein und traute ihm die Lösung öfters zu.

Das funktioniert aus mehreren Gründen. Zum einen weiß jeder, dass es sinnvoll sein kann, andere um Rat zu fragen – und das honorieren dementsprechend auch die Berater, indem sie den Ratsucher als klug einschätzen. Zudem vermitteln die Schüler dem Lehrer Selbstvertrauen: Wer um Rat fragt, demonstriert Verwundbarkeit, Schwäche und Hilflosigkeit – das macht nur, wer stabil genug ist, mit den Folgen zu leben. Außerdem schmeichelt es dem Ego jedes Ratgebers, nach seiner Meinung gefragt zu werden.

Allerdings bemerkte Alison Wood Brooks in weiteren Experimenten, dass der Trick längst nicht immer funktionierte. Und zwar einerseits dann, wenn die Aufgabe zu leicht war. Hier stieg der Ratsuchende nicht im Ansehen der Ratgeber – offenbar weil sie ihn für zu blöd oder zu faul hielten, die simple Herausforderung selbst zu lösen. Andererseits verpuffte der Effekt, wenn der Ansprechpartner selbst keine Ahnung hatte. Wer wird schon gerne mit seiner eigenen Unwissenheit konfrontiert?

Wer einen Rat zurückweist, riskiert seinen Ruf

Ignoranz erweckt den Eindruck der Arroganz

Im Jahr 1921 stellte die Soziologin Hazel Knight ihren Kommilitonen an der Columbia University eine ungewöhnliche Aufgabe: Die Studenten sollten die Temperatur des Hörsaals schätzen. Anschließend errechnete Knight den Durchschnitt aller Schätzungen – und der wich nur um 0,4 Grad von der tatsächlichen Temperatur im Raum ab. Zugegeben, bei Klassenzimmern ist das Ergebnis kein Wunder, denn die sind ja meistens ähnlich temperiert. Aber schon drei Jahre später entdeckte eine von Knights Kolleginnen ein ähnliches Phänomen: Die Soziologin Kate Gordon ließ 200 Studenten Objekte nach ihrem Gewicht ordnen – die Gruppe lag zu 94 Prozent richtig und fast immer besser als alle individuellen Schätzungen. Und als Jack Treynor, Professor für Finanzwirtschaft an der University of Southern California, ein Glas mit 850 Geleebonbons in einen Raum stellte, tippten alle zusammen auf 871 Bonbons. Nur einer der 56 Befragten lag näher an der Wahrheit. »Die simpelste Methode, um verlässlich gute Antworten zu erhalten, besteht darin, jedes Mal die Gruppe zu aktivieren«, schrieb daher auch der US-amerikanische Journalist James Surowiecki in seinem Buch *Die Weisheit der Vielen*.

Heißt das also: Wann immer wir vor einer Wahl stehen, fragen wir am besten möglichst viele Vertraute? Bedeutet das in letzter Konsequenz, dass wir alle Entscheidungen, seien sie nun privater oder beruflicher Natur, an ein externes Expertengremium auslagern sollten? Nach dem Motto: Wenn wir Menschen fragen, die sich mit dem Thema auskennen, werden sie so falsch schon nicht liegen?

Mitnichten. Und das nicht nur, weil die Gruppe womöglich eben doch irren könnte. Sondern vor allem, weil wir dann naturgemäß immer jemanden verprellen. Denn je mehr Menschen wir nach ihrer Meinung fragen, desto höher die Wahrscheinlichkeit, dass wir unterschiedliche

Reaktionen erhalten. Aber genau dann müssen wir zwangsläufig Ratschläge ignorieren, was sich wiederum negativ auf unseren Ruf auswirkt. Wer auf alle hören will, kann es niemandem recht machen.

So lautet jedenfalls das Fazit einer Studie von Hayley Blunden, Doktorandin an der Harvard Business School. In einem ihrer Experimente befragte sie eine Reihe von Finanzberatern: Mehr als die Hälfte hatte sich schon mal von einem Kunden getrennt, der einen Ratschlag ignoriert hatte – und jeder Dritte wollte es wieder tun. In weiteren Versuchen konfrontierte Blunden Hunderte Freiwillige mit verschiedenen Szenarien. Mal sollten sie sich bloß vorstellen, dass jemand ihren Rat ersuchte, den letztlich aber ignorierte. Mal erlebten sie diese Art der Zurückweisung in Laborspielen tatsächlich. Im Anschluss sollten sie ihre Gefühle schildern. Und dabei bemerkte Blunden, dass die ignorierten Experten beleidigt reagierten. Sie fühlten sich nicht bloß mies behandelt, sondern wollten künftig auch nichts mehr mit dem Ratsuchenden zu tun haben. Dies galt erst recht dann, wenn es sich bei ihnen um Experten handelte. Weil sie naturgemäß davon ausgehen, dass ihr Ratschlag von besonderer Güte ist – und ihr Ego daher umso stärker leidet. Und diesen Mangel an Respekt wollen sie sich nicht länger bieten lassen.

Doch mehr noch: Die Ratgeber distanzierten sich hinterher sogar von jenen Personen, die mehrere Experten befragt hatten – weil ihnen zum einen bewusst wurde, dass sie offenbar nicht der einzige Ansprechpartner waren (was nie einen guten Eindruck hinterlässt) und weil ihnen zum anderen schwante, dass ihr Rat womöglich ungehört verhallen würde. »Berater überschätzen die Wahrscheinlichkeit, dass auf sie gehört wird«, sagt Blunden, »während Ratsuchende unterschätzen, inwieweit die Beziehung zu ihrem Berater leidet, wenn sie ihn ignorieren oder mehrere Personen befragen.«

Wer dennoch auf die Weisheit der Masse setzen möchte, sollte dabei wenigstens diskret vorgehen und vermeiden, dass die Ansprechpartner untereinander davon erfahren – denn sonst führt der Hilferuf unfreiwillig ins Abseits.

62

Scheitern wird verherrlicht

Niederlagen haben keine messbaren Vorteile

Die Rückkehr in die Heimat hatte sie sich idyllischer vorgestellt. Knapp drei Jahre lang hatte sie in Porto Englisch unterrichtet, einen portugiesischen Journalisten geheiratet und im Juli 1993 eine Tochter zur Welt gebracht. Doch schon fünf Monate später hatte sich das Paar getrennt. Und jetzt wollte sie nur noch nach Hause.

Ihre Schwester lebte damals in Edinburgh, also packte sie ihre Koffer und zog mit ihrer Tochter im Dezember 1993 in die schottische Hauptstadt. Einen Wintermantel hatte sie damals nicht dabei. Dafür aber drei Kapitel eines Buchs, das sie Jahre zuvor begonnen und niemals ganz vergessen hatte. Die grobe Handlung hatte sie sich extra handschriftlich auf ein paar Zettel notiert.

Ein Freund lieh ihr Geld, damit sie sich und ihrer Tochter eine größere Wohnung leisten konnte. Die ersten Monate verbrachte sie überwiegend im Café ihres Schwagers, weil die Kleine auf dem Weg dorthin am besten einschlief. Eines Tages entschloss sie sich wegen Depressionen zu einer Therapie. Sie hatte kaum Geld und wenig Perspektiven. »Ich war damals so arm, wie man im modernen Großbritannien nur sein konnte, mit Ausnahme der Obdachlosen«, sagte sie später einmal. »Ich hatte keine Ahnung, wie weit sich der Tunnel erstreckte, und lange Zeit war jedes Licht an dessen Ende eher Wunsch als Wirklichkeit.«

Zwei Jahre später erschien ihr Buch mit einer Miniauflage von 500 Stück. Inzwischen ist daraus eine Reihe mit sieben Bänden, mehreren Auskoppelungen und über 500 Millionen verkauften Büchern geworden. J. K. Rowling, die Erfinderin von Harry Potter, ist eine der reichsten Frauen der Welt. Und trotzdem sagt sie heute: »Ich würde niemals behaupten, dass Versagen Spaß macht.«

Die inzwischen weltberühmte Autorin, die sich damals kaum die

Miete leisten konnte; Apple-Gründer Steve Jobs, der zunächst von seinem eigenen Aufsichtsrat gefeuert wurde, bevor er den Konzern Jahre später an die Weltspitze führte; oder Walt Disney, der mit Anfang 20 den Offenbarungseid leistet. Solche Stehaufmännchengeschichten können uns inspirieren und dazu animieren, weiter an ein Ziel zu glauben. Aber wer derzeit all die Aussagen in Interviews und Abschlussreden hört, in denen prominente Wirtschaftsgrößen Lebensweisheiten für Leser und Zuhörer destillieren, der wird den Eindruck nicht los: Der Weg zum Erfolg führt heute beinahe zwangsläufig am Misserfolg vorbei. Ohne Niederlage kein Sieg, ohne Rückschlag kein Fortschritt, ohne Flop kein Top.

Es gehe darum, Scheitern mit offenen Armen zu empfangen, sagt der britische Unternehmer und Milliardär Richard Branson: »Denn wir lernen nur durch Fehler.« Sun-Microsystems-Gründer Vinod Khosla wiederum sagt: »Ich erinnere mich nicht an die Fehler, sondern nur an die großen Erfolge.« Es scheint fast so, als habe sich das Mantra des innovationssüchtigen Silicon Valley – »Fail fast, fail often« – als Basis für nachhaltigen Erfolg etabliert.

Nun hat das einerseits durchaus Charme. Eine gefloppte Geschäftsidee im Lebenslauf soll kein Makel mehr sein, sondern den Betroffenen adeln. Aber wahr ist andererseits auch: Scheitern als Auszeichnung zu betrachten, ist nicht nur zynisch jenen gegenüber, die Insolvenz angemeldet haben, keine Stelle finden oder entlassen wurden. Vor allem gibt es keine Belege dafür, dass Scheitern messbare Vorteile hat. Eher im Gegenteil.

Darauf deutet zum Beispiel eine Studie von Paul Gompers hin. Der Enterpreneurship-Forscher von der Harvard Business School analysierte vor einigen Jahren die Bilanz von knapp 10 000 Seriengründern, Entrepreneure also, die ein unternehmerisches Projekt nach dem nächsten in Angriff nehmen – und zwar unabhängig davon, ob ihre vorige Unternehmung erfolgreich war oder nicht. Diese Serienunternehmer hatten zwischen 1975 und 2000 Geld von Risikokapitalgebern erhalten. Dabei wertete Gompers einen geglückten Börsengang oder profitablen Verkauf als Indiz des Gelingens. Und siehe da: Erstgründer hatten eine Erfolgschance von rund 20 Prozent. Wer nach einem Flop noch mal einen Neustart wagte, hatte nur eine marginal höhere Chance von rund 22 Prozent. Wer sich wesentlich besser schlug? Jene, die es nach geglückter Premiere erneut probierten: Sie waren in 30 Prozent der Fälle erfolgreich.

Scheitern an sich ist also anscheinend noch keine Garantie für späteren Erfolg. Vielmehr kommt es darauf an, wie man den Flop verarbeitet. Diesen Schluss lässt auch eine Studie von Dean Shepherd zu. Der Managementprofessor von der University of Notre Dame befragte vor einigen Jahren 585 Wissenschaftler – Physiker und Mediziner, Chemiker und Ökonomen, Altersforscher und Geografen – zu ihren Erfahrungen mit beruflichen Debakeln. Etwa jedes vierte Projekt ihres Instituts war ein Reinfall.

Aber genau im Moment der Niederlage reagierten die Wissenschaftler unterschiedlich – und das prägte ihren späteren Erfolg. Die einen versuchten, sich möglichst wenig mit dem Fehlschlag zu beschäftigen. Die anderen lenkten sich direkt mit dem nächsten Projekt ab. Am besten aber erging es jenen, die sich ihrer Wut und Enttäuschung zwar aussetzten, aber trotzdem nach vorne blickten und neue Pläne schmiedeten.

Statt das Scheitern zu glorifizieren, sollten wir vernünftig damit umgehen; uns zwar genügend Zeit für die vernünftige Reflexion lassen, aber nach der Aufarbeitung dennoch optimistisch nach vorne blicken. Nur dann können wir eventuelle Fehler künftig vermeiden. Und uns bewusst machen, dass Scheitern möglich ist – aber es trotzdem nicht zum Fetisch erklären.

63

Schicksalsschläge sind gar nicht so schlimm

Menschen sind widerstandsfähiger, als sie denken

Haben Sie Angst davor, dass Ihre Karriere einen Knick erleidet – und wenn ja, warum? Diese Fragen stellte die Marktforschung Toluna vor einigen Jahren 1 001 Deutschen. Insgesamt war mehr als jeder Zweite besorgt, in seinem Berufsleben zurückgeworfen zu werden. 24 Prozent fürchteten sich vor gesundheitlichen Problemen, 18 Prozent vor einer Kündigung, 17 Prozent vor der Insolvenz ihres Arbeitgebers. Nun möchte ich weder Fatalismus propagieren noch Misserfolge idealisieren oder Niederlagen glorifizieren. Negative Erlebnisse sind nicht angenehm. Doch gleichzeitig kann ich Sie beruhigen: Im Nachhinein ist meist alles halb so wild. Ehrlich. Falls Sie das nicht glauben, sollten Sie die Studie von Reto Odermatt und Alois Stutzer kennen.

Die beiden Ökonomen der Universität Basel werteten Daten des Sozioökonomischen Panels von 1991 bis 2004 aus. Dabei verglich das Duo die prognostizierte Lebenszufriedenheit mit der tatsächlichen Zufriedenheit fünf Jahre später. Allerdings konzentrierten sich die Wissenschaftler in ihrer Analyse auf Menschen, die gerade Einschneidendes erlebt hatten: Sowohl Schönes wie eine Hochzeit oder eine Beförderung als auch Schreckliches wie den Tod des Partners oder Invalidität, Arbeitslosigkeit, Trennung oder Scheidung. Wenig überraschend: Alle Ereignisse beeinträchtigten das subjektive Wohlbefinden. Erfreuliches machte glücklich, Unerfreuliches unglücklich.

Doch gleichzeitig stießen Odermatt und Stutzer auf einen systematischen Denkfehler. Unabhängig von ihrem Alter und der Lebenserfahrung schätzten die Menschen den Einfluss eines Ereignisses völlig falsch ein. Ja, die Lebenszufriedenheit veränderte sich je nach Erlebnis. Doch gleichzeitig pendelte sie sich vergleichsweise schnell auf das langfristige Niveau der Vorjahre ein. Das funktionierte in beiden Richtungen: Frisch

Verheiratete überschätzten, wie zufrieden sie in fünf Jahren sein würden. Gleichzeitig unterschätzten die Befragten ihre zukünftige Lebenszufriedenheit nach negativen Ereignissen. Die Befragten stellten es sich zum Beispiel als emotionalen Albtraum vor, ihre Stelle zu verlieren. Doch wenn sie dann tatsächlich arbeitslos wurden, fanden sie sich damit relativ schnell wieder ab. Zumindest litt ihr Seelenglück nicht langfristig unter dem Jobverlust.

Nun gibt es dafür vor allem zwei Erklärungen: Vielleicht trickst uns das Gehirn auf wohltuende Weise aus. Psychologen bezeichnen das Phänomen als »affective forecasting«. Wenn wir eigene Gefühlszustände vorhersagen sollen, liegen wir meistens falsch. Wir überschätzen die Wirkung zukünftiger Ereignisse – und lassen außer Acht, dass die Umstände in der Zukunft völlig andere sind als zum Zeitpunkt der Prognose. Dabei können wir uns an positive und negative Umstände gewöhnen und anpassen. Schöne Ereignisse verlieren dann zwar an Attraktivität, unschöne wiederum wirken gleich weniger belastend.

Diese Entdeckung geht auf den berühmten US-Glücksforscher Daniel Gilbert zurück. Mal sollten sich seine Probanden in Experimenten das Ende einer Liebesbeziehung vorstellen, mal eine Wahlniederlage oder Kritik am eigenen Charakter. Alle stellten sich die Situation wesentlich schlimmer vor, als sie letztendlich tatsächlich war.

Vielleicht verfügen viele Menschen aber auch über mehr Resilienz, als man so denkt. Das Wort stammt vom lateinischen resilio, was so viel heißt wie »abprallen« oder »zurückspringen«. In der Materialforschung bezeichnet man jene Werkstoffe als resilient, die nach jeder Verformung wieder ihre ursprüngliche Form annehmen. Verhaltensforscher haben den Begriff auf den Menschen übertragen: Resilient ist für sie, wer die seelische Kraft aufbringt, sich von Flops, Fehlern und Verlusten nicht charakterlich verbiegen zu lassen – sondern daraus zu lernen und hinterher über sich selbst hinauszuwachsen. Menschen also, die den alten Spruch von Friedrich Nietzsche verinnerlicht haben: »Was mich nicht umbringt, das macht mich stärker.« Vieles, was zunächst als Unglück erscheint, entpuppt sich hinterher als Wink des Schicksals.

Man darf es mit dem Gleichmut bloß nicht übertreiben. Der römische Kaiser und bekennende Stoiker Marc Aurel zum Beispiel machte sich einst zum Gespött seiner Mitbürger: Seine Ehefrau Annia Galeria Faustina nahm es mit der ehelichen Treue nicht allzu ernst. Doch anstatt sie mit ihrer Illoyalität zu konfrontieren, überhäufte der Kaiser ihre Liebhaber regelmäßig mit Geschenken.

Damit wir uns richtig verstehen: Es geht nicht darum, das Leid klaglos zu ertragen, Schmerzen zu unterdrücken oder negative Erlebnisse unbedingt vermeiden zu wollen. Viel wichtiger sind stabile Beziehungen und ein intakter Freundeskreis, der uns aus dem emotionalen Loch heraushelfen kann. Wer Krisen ganz alleine meistern will, scheitert meistens kläglich.

64

Schleimer vergiften das Betriebsklima

Hören Sie auf, Ihren Chef »in cc« zu setzen

Als ich die E-Mail las, konnte ich es nicht fassen. Einer meiner Kollegen, ebenfalls eine Führungskraft, hatte für einen längeren Text einen Beitrag schreiben wollen, und nun waren die paar Absätze vollendet. Das ließ er die drei beteiligten Kollegen wie abgesprochen wissen – und setzte seinen eigenen, unbeteiligten Vorgesetzten unabgesprochen »in cc«. Die unterschwellige Botschaft war klar und deutlich: »Guck mal, Chef, ich bin schon fertig. Was ich alles leiste!« Hatte er das wirklich nötig?

Sicher, Schleimer gab es schon in der Schule. Damals wollten sie einen Systemfehler ausnutzen. Wer in Klassenarbeiten intellektuell glänzte, sich im Unterricht aber als sozial inkompetenter Eigenbrötler oder undisziplinierter Zappelphilipp erwies, konnte eine Eins auf dem Zeugnis vergessen. Wer andererseits unfähig war, in Klausuren zumindest durchschnittliche Leistungen zu zeigen, der versuchte seine Gesamtnote durch außerunterrichtliche Aktivitäten aufzuhübschen – indem er über die Witze des Lesers besonders laut lachte oder seine Tasche trug. Schon damals gehörten Schleimer zu den unbeliebtesten Klassenkameraden überhaupt. Dennoch sterben sie mit dem Ende der Schulzeit nicht aus, im Gegenteil. Auch in der Berufswelt begegnen wir ständig Menschen, die das Leistungsprinzip ad absurdum führen; denen es nicht drauf ankommt, der beste Mitarbeiter zu sein, sondern der beliebteste; die jeden Altherrenwitz ihres Vorgesetzten lustig finden und jede Idee ihrer Chefin grandios.

Die Verlockung ist in Zeiten digitaler Kommunikation größer denn je: Wenn Kollegen überwiegend per E-Mail miteinander sprechen, kann man den Vorgesetzten mit in den Verteiler packen, um mehr oder weniger subtil den eigenen Fleiß zu betonen. Es wirkt ja auch vergleichsweise unverdächtig: Vordergründig will da nur jemand seine Arbeit machen, auf Fehler hinweisen oder Ideen vorschlagen. Die E-Mail dient als scheinbarer Beleg für Kooperation, Kreativität und Konstruktivität. Doch in Wahrheit vergiften die Schleimer damit das Betriebsklima. Das vermeintlich subtile digitale Eigenlob verstopft nicht nur das Postfach der Führungskraft, sondern wirkt sich auch negativ auf den Zusammenhalt aus.

Das legt jedenfalls ein Experiment von David De Cremer nahe, Managementprofessor an der National University of Singapur. In insgesamt sechs Experimenten sollten sich knapp 600 Freiwillige zunächst verschiedene Kollegen vorstellen. Die einen setzten den Chef in E-Mails immer in cc, die anderen nur manchmal, andere so gut wie nie. Nun sollten die Testpersonen angeben, wie viel Zutrauen sie in den fiktiven Kollegen hatten. Wenig überraschend: Je häufiger der Chef in cc stand, desto größer ihr Argwohn. Doch daraus zogen sie außerdem Rückschlüsse auf die Unternehmenskultur, der sie größeres Misstrauen und weniger Sicherheit attestierten. Anschließende Umfragen unter knapp 350 Angestellten bestätigten De Cremers Befund. Je häufiger der Chef als unbeteiligter Beobachter auf dem Verteiler des Mitarbeiters stand, desto negativer empfanden sie das Betriebsklima.

Offenbar kann man es mit Transparenz auch übertreiben. Keine Führungskraft will ständig wissen, was die Angestellten gerade umtreibt. Wer das unbedingt loswerden möchte, sollte es ihr direkt sagen. De Cremer versteht seine Studie vor allem als Appell an die Vorgesetzten. Notfalls müssen sie mit dem Übeltäter sprechen; ihn darauf hinweisen, dass man seinen Ehrgeiz schätzt und seine Leistungen durchaus wahrnimmt; anbieten, dass er jederzeit vorstellig werden soll, wenn er sich missachtet fühlt. Aber gleichzeitig darum bitten, dass er den Vorgesetzten künftig am besten gar nicht mehr »in cc« setzt – es sei denn, er ist unmittelbar involviert.

Schwarzmalerei ist ein Machtinstrument

Auf dem Weg ins Chefbüro helfen Pessimismus und Misanthropie

Donald Trump in den USA, Wladimir Putin in Russland, Jair Bolsonaro in Brasilien, Recep Tayyip Erdogan in der Türkei, Viktor Orbán in Ungarn, Rodrigo Duterte auf den Philippinen: Im Mittelpunkt der Weltpolitik stehen derzeit viele autoritäre Herrscher, die die Errungenschaften der liberalen Demokratie – Gewaltenteilung, Pressefreiheit, den Schutz von Minderheiten – zutiefst verachten. Diese Staatsoberhäupter stehen, vorsichtig formuliert, nicht unbedingt für eine fröhliche, optimistische Sicht auf die Dinge. Ihr besonderer Reiz speist sich aus einer Mischung aus Nationalismus, Chauvinismus, Pessimismus und Zynismus. So bitter das die einen auch finden mögen, viele andere finden das anscheinend klasse. Sonst hätten sich diese Männer ja kaum in demokratischen Wahlen durchgesetzt.

Nun könnte man als lebensfroher Sonnenschein angesichts dieser Entwicklungen verzweifeln und verbittern. Oder aber man könnte die Studie von Eileen Chou lesen, außerordentliche Professorin für Public Policy an der University of Virginia. Dann würde man zumindest besser verstehen, warum diese Politiker erfolgreich sind. Denn so traurig es auch klingen mag: Es besteht eine enge Verbindung zwischen Schwarzmalerei und Macht. Offensichtlich müssen wir uns von der Vorstellung verabschieden, dass der Weg ins Chefbüro oder Präsidentenzimmer vor allem durch eine positive Einstellung, durch Optimismus, Zuversicht und Lebensfreude ermöglicht wird: »Menschen empfinden Schwarzmalerei instinktiv als Machtinstrument«, sagt Chou, »und im Gegenzug gewähren sie den Schwarzmalern Macht.«

Das beobachtete die Psychologin in insgesamt elf Experimenten mit Hunderten Freiwilligen. In einem Versuch lasen die Probanden die Rezension eines Gemäldes. Der eine Kritiker äußerte sich durchaus wohlwollend. Das Bild sei »optisch ansprechend und inspirierend«, der Künstler zeige »ein ausgereiftes Verständnis von abstrakter Kunst« und sei »sehr anspruchsvoll in der Wahl der Farben und Texturen«, die Zusammensetzung sei »intelligent und intensiv«.

Der andere Kritiker hingegen äußerte sich deutlich negativer. Das Bild sei »optisch unattraktiv und uninspirierend, der Künstler zeige »ein unreifes Verständnis von abstrakter Kunst«, die Zusammensetzung der Farben sei banal und langweilig: »Insgesamt ist dies ein erfolgloser Versuch, Kunst zu erschaffen.« Nun sollten die Probanden die Rezensenten bewerten. Und siehe da: Der freundliche Kritiker galt zwar als angenehmer, beide waren in etwa gleich kompetent – aber den Miesepeter empfanden sie als wesentlich mächtiger.

In weiteren Versuchen war es ähnlich: Der schlecht gelaunte Schwarzmaler war den Freiwilligen zwar messbar unsympathischer, gleichzeitig jedoch sprachen sie ihm mehr Macht zu. Wer sich in die Rolle eines Miesmachers hineinversetzen sollte, fühlte sich mächtiger als eine Frohnatur. Und wenn die Testpersonen in Spielen einen Anführer auswählen sollten, entschieden sie sich öfters für den Griesgram als für den Sonnenschein.

Chou glaubt: Diese Reaktion haben wir unserem evolutionären Erbe zu verdanken. Überall dort, wo Menschen zusammenleben, gibt es Hierarchien. Die einen erteilen Befehle, die anderen führen sie aus. So war es schon immer, und so wird es immer sein. Deshalb können wir gar nicht anders, als selbst kleinste Signale als Machtinstrument zu deuten. Die Höhe der Stimme, die Sprache des Körpers – oder eben die Wahl der Wörter. Und wer dadurch auffällt, andere ständig zu kritisieren und abzuwerten, der sendet ein Machtsignal aus: Seht her, so die Botschaft, ich habe es nicht nötig, irgendwem zu gefallen und kann auf zivilisatorische Errungenschaften wie Anstand und Höflichkeit pfeifen.

»Schwarzmalerei als Machtsignal ist fest in unserer Psyche verankert«, sagt Chou. Und das Perfide ist: Der Effekt verstärkt sich selbst. Wer andere permanent abwertet, der wirkt nicht nur mächtiger. Er bekommt von ihnen automatisch mehr Macht zugewiesen, weil ihm gewissermaßen größere Handlungsfreiheit eingeräumt wird – und dann kann er andere wiederum munter weiter abwerten.

66

Smartphones stören die Konzentration

Es reicht schon, wenn ein Gerät im Raum ist

Sage niemand, die Experten hätten keine Ideen. Seit Jahren mühen sich Organisationspsychologen, Besprechungen in Büros effizienter zu gestalten, seit Jahren plädieren sie für dieselben Schritte: Laden Sie nur Menschen ein, die unbedingt nötig sind! Überlegen Sie sich vorher, was Sie erreichen wollen! Und legen Sie ein Zeitlimit fest!

Liest man die Studie von Adrian Ward, dann wird relativ schnell klar, warum all diese Tricks bisweilen nichts bringen. Der Assistenzprofessor für Marketing an der University of Texas (Austin) glaubt: Solange die Sitzungsteilnehmer ihre Smartphones dabeihaben, können sie keine genialen Geistesblitze entwickeln – denn schon die Anwesenheit der Geräte mindert die Leistungsfähigkeit. Und für diesen Effekt müssen die Smartphones weder eingeschaltet sein noch benutzt werden. Die pure Präsenz reicht schon.

Internetfähige Handys sind eine unglaubliche Erfolgsgeschichte. Im Jahr 2009 wurden in Deutschland 5,1 Millionen Smartphones verkauft, 2018 waren es 22,7 Millionen. Etwa jeder Dritte nutzt sein Gerät jeden Tag länger als eine Stunde. Je nachdem, welcher Umfrage man glaubt, interagieren die Besitzer täglich im Schnitt 85 Mal mit ihrem Gerät – unter anderem direkt nach dem Aufwachen und vor dem Schlafengehen. Es ist ja auch praktisch: Man kann Aktien handeln, das Wetter vorhersagen, Reisen buchen, Fotos schießen, Nachrichten lesen und Freunde kontaktieren. Nie zuvor hat ein Gerät im Hosentaschenformat gleichzeitig so viel Information, Stimulation und Animation geboten. Aber wie das nun mal immer so ist: Alles hat seinen Preis.

Das jedenfalls bemerkte der Wissenschaftler Ward, als er 520 Freiwillige in drei Gruppen aufteilte. Gruppe A sollte ihre Smartphones vor sich auf den Tisch legen, aber immerhin mit dem Display nach unten. Gruppe

B sollte das Gerät in ihre Tasche oder ihren Rucksack neben sich stecken, Gruppe C sollte die Sachen in einem anderen Raum lassen. Nun erhielten sie verschiedene Aufgaben, um ihre Aufnahme- und Konzentrationsfähigkeit zu testen. Egal ob das Display sichtbar war oder die Probanden das Handy umgedreht auf den Tisch legten, egal ob es stumm geschaltet war oder nicht: Die Mitglieder der Gruppen A und B bekamen durchweg weniger Punkte. Ein weiterer Versuch zeigte: Wer sich am schlechtesten von seinem Gerät trennen konnte, litt intellektuell am meisten unter dessen Anwesenheit. Wards Versuche lagen nahe: Die Gegenwart eines Smartphones senkt zum einen die Leistung des Arbeitsgedächtnisses, das vereinfacht gesagt alle Informationen und Sinneseindrücke wahrnimmt. Zum anderen stört es die fluide Intelligenz, die unter anderem dabei hilft, Probleme zu lösen und abstrakt zu denken.

Wie das sein kann? Menschen haben nun mal begrenzte geistige Kapazitäten. Wenn wir uns mit A auseinandersetzen, ist der Kopf blockiert für B. Und allein der Gedanke, dass man ja nur mal eben noch 148 Mails checken könnte, lenkt die Aufmerksamkeit von der eigentlichen Herausforderung weg und hin zum Handy. Kein Wunder, dass in diesem Zustand keine Weltideen entstehen. Wer die sucht, dem bleibt anscheinend nur eine rabiate Wahl: In Meetings muss das Smartphone draußen bleiben.

Störungen haben etwas Gutes

Fremde Unterbrechungen sind harmloser als selbst gewählte

Ludwig Wittgenstein hatte genug. Im Jahr 1913 studierte der österreichische Industriellensohn Philosophie an der University of Cambridge. An inspirierenden Gesprächspartnern gab es dort keinen Mangel. Sein Mentor war der berühmte Philosoph Bertrand Russell, auch mit dem heute legendären Ökonomen John Maynard Keynes tauschte er sich regelmäßig aus. Aber genau diese Unterhaltungen empfand Wittgenstein zunehmend als Bürde: »Er behauptete immer, Gespräche mit klugen Menschen würden seine Seele prostituieren«, sagte Russell einmal. Und auf der Suche nach einem Fluchtort machte ein Freund den sensiblen Denker auf ein norwegisches Dörfchen aufmerksam.

Etwa 50 Kilometer von der Stadt Bergen entfernt beginnt der Sognefjord, der mit mehr als 200 Kilometern längste Meeresarm Europas. Ganz am nördlichen Ende eines Nebenarms liegt Skjolden. Hier leben heute 250 Einwohner, es gibt einen kleinen Hafen, einen Supermarkt und ein kleines Hotel. Wer nicht wirklich hier hin will, kommt niemals zufällig vorbei, dafür ist der Ort viel zu abgelegen – und insofern perfekt für Menschen, die ihre Ruhe haben wollen.

So wie Ludwig Wittgenstein. Er verliebte sich sofort in die Umgebung und ließ dort eine kleine Holzhütte bauen, von der er einen unverbaubaren Blick auf das blaue Fjordwasser, die grünen Hügel und die schneebedeckten Berge hatte. Immer, wenn er sich besonders konzentrieren wollte und den wuseligen Universitätsbetrieb leid hatte, begab er sich hierhin. Einmal blieb er sogar 13 Monate am Stück, nur alleine mit sich und seinen Gedanken. Aber das musste so sein, sagte Wittgenstein einmal: »Wer nicht dazu in der Lage ist, tief in sich hineinzublicken, wird immer nur oberflächliche Texte schreiben.« Eine Fähigkeit, die heute zunehmend verloren geht.

Machen wir uns nichts vor: Die Wahrscheinlichkeit, dass Sie diesen Text ohne Störung lesen, ist überaus gering. Egal ob im Privatleben oder im Büro: Wir sind häufig so konzentriert wie ein Eichhörnchen. Für die einen Unterbrechungen sind wir selbst verantwortlich: Wir schreiben dem Partner bei WhatsApp, checken die Facebook-Timeline, gehen zum Kaffeeautomaten. Für die anderen können wir selbst nichts: Der Kollege ruft an, der Chef kommt rein, der Drucker streikt. Jeder deutsche Angestellte verschwendet eigenen Angaben zufolge an jedem Arbeitstag etwa 38 Minuten wegen zu langsamer Technik, fand das Marktforschungsinstitut Censuswide im Jahr 2016 heraus.

Nun sind solche Störungen nie gut. Aber sie wären noch zu verkraften – wenn darunter nicht unsere eigentliche Arbeit leiden würde. Aber wer unterbrochen wird, braucht für seine Aufgabe nicht nur länger. Er neigt auch dazu, die Unterbrechung noch zu einer weiteren Aktivität zu nutzen. Wer schon von einer E-Mail unterbrochen wurde, schaut danach noch schnell bei Facebook vorbei. Wer eine Nachricht bei WhatsApp erhält, kann ja wohl noch rasch die aktuellsten Nachrichten checken. Und schwupps: ist wieder eine halbe Stunde rum. Und selbst wenn wir die Disziplin eines Asketen hätten und uns nach der Unterbrechung wieder der eigentlichen Aufgabe widmen, würde das Arbeitstempo sinken und die Fehlerquote steigen. Aber welche Störungen sind schlimmer: selbst oder fremd verschuldete?

Mit dieser Frage beschäftigte sich im Jahr 2016 auch Ioanna Katidioti, Doktorandin an der Rijksuniversiteit Groningen. Die Teilnehmer ihrer Studie simulierten die Mitarbeit in einer Elektronikfirma. Dazu setzten sie sich vor einen Rechner und beantworteten eine Stunde lang E-Mails von Kunden, die sich nach den Preisen von Produkten erkundigten. Allerdings wurden sie dabei auf zwei verschiedene Arten abgelenkt. Gruppe A sah plötzlich ein Chatfenster, das am rechten unteren Bildrand auftauchte. Darin sollten die Teilnehmer einige harmlose Fragen beantworten, zum Beispiel nach ihrer Lieblingsfarbe oder ihrem Lieblingsbuch. Gruppe B sollte diese Fragen ebenfalls im Laufe der eigentlichen Aufgabe erledigen. Sie konnte aber selbst entscheiden, wann sie das entsprechende Fenster öffnete.

Katidioti stoppte nun mit einer Uhr, wie lange beide Gruppen für die Aufgabe brauchten. Das Ergebnis: Die Probanden, welche die Ablenkung selbst bestimmen konnten, brauchten für eine E-Mail mehr Zeit. Ähnlich war es in einem weiteren Experiment, bei dem die Wissenschaftlerin die Augen der Testpersonen filmte. Dabei entdeckte sie zudem: Lenkten sich die Freiwilligen selbst ab, bewegten sich ihre Pupillen einen Sekundenbruchteil früher. Beinahe so, als spiegele sich die Entscheidung, sich einer Störung hinzugeben, in ihrem Blick wider. Und schon dieser kurze Moment wirkte sich negativ auf die Leistung aus.

Genau diese Bewegungen könnten erklären, warum selbst gewählte Pausen schlimmer sind. Denn Katidioti bemerkte: Die beiden Gruppen brauchten nach der Unterbrechung nicht unterschiedlich lang, um die eigentliche Arbeit wieder aufzunehmen. Was hingegen Zeit kostete, war gewissermaßen die Entscheidung, sich gleich abzulenken – die sich bei unfreiwilligen Störungen aber naturgemäß gar nicht stellt, weil wir ohnehin keine Wahl haben. Vielleicht ist es also doch sinnvoll, die Benachrichtigungsfunktion von E-Mails und SMS zu aktivieren. Das verführt uns zwar erst recht zur Ablenkung. Aber immerhin sparen wir uns die Zeit, darüber nachzudenken.

Nun will Katidioti gar nicht behaupten, dass alle externen Störungen immer und jederzeit weniger schlimm sind – denn in ihrem Experiment wurden die Teilnehmer ausdrücklich nur in einem Moment niedriger Arbeitsbelastung gestört, nicht aber bei voller geistiger Auslastung. Aber genau dieses wichtige Detail verleiht der Studie so viel Relevanz. In der Realität sind wir für Ablenkungen ohnehin vor allem in solchen Momenten anfällig – und nicht dann, wenn wir völlig in einer Tätigkeit aufgehen. Egal, ob in einem schmucklosen Büro in einer deutschen Großstadt oder in der norwegischen Idylle.

In der Nähe von Wittgensteins Hütte ließ sich eines Tages ein Einheimischer blicken. Als der Philosoph ihn bemerkte, beschimpfte er ihn wüst, weil er nun wieder zwei Wochen brauchen würde – um dort weiterdenken zu können, wo er gerade unterbrochen worden war.

68

Streit tut gut

Aus Reibung entsteht Energie

In den Dreißigerjahren griff der US-amerikanische Werber Alex Osborn für eine neue Kreativitätstechnik auf ein indisches Mantra zurück: »Using the brain to storm a problem.« Inzwischen gilt das von Osborn erfundene Brainstorming als Maß aller Dinge, wenn Angestellte neue Ideen finden sollen. Dabei gibt es vor allem eine Regel: Alle Wortmeldungen sind erstmal überaus wertvoll, und seien sie in Wahrheit noch so absurd. Deshalb dürfen ihre Urheber zunächst auf keinen Fall korrigiert, kritisiert oder demontiert werden.

Die Methode hat sich in den vergangenen Jahrzehnten auch deshalb ausgebreitet wie ein Virus, weil sie der Philosophie der modernen Arbeitswelt entgegenkommt. Meinungsverschiedenheiten, offener Streit und zwischenmenschliche Probleme gelten als Störfaktoren, die unbedingt vermieden werden sollten – weil sie die innerbetriebliche Harmonie erschweren, die Stimmung vermiesen und die Produktivität senken. Dementsprechend sind Unternehmen bemüht, am Arbeitsplatz eine Wohlfühlatmosphäre zu schaffen.

Dazu passt auch eine Umfrage der Industrie- und Handelskammer Frankfurt zusammen mit dem Beratungsunternehmen Mazars aus dem Jahr 2014. Geschäftsführer, Führungskräfte und Angestellte wurden darin zu Konflikten in ihrer Firma befragt. Mehr als jeder Dritte hatte regelmäßig Streit mit Kollegen und litt darunter emotional erheblich – je näher er dem Widersacher stand, desto größer die Belastung. Der Mitarbeiter gilt heute als sensibles Wesen, das am besten jederzeit vom Feelgood-Manager gehätschelt wird.

Aber wie kann es dann sein, dass zahlreiche Fallstudien auf das Gegenteil hindeuten, egal aus welcher Branche? Wieso formten Steve Jobs und Steve Wozniak aus Apple einen Weltkonzern, wenn sie sich hinter den Kulissen um beinahe jedes Detail stritten? Wie schafften es die beiden Basketballer Shaquille O'Neal und Kobe Bryant, drei NBA-Titel hintereinander zu gewinnen, obwohl sie sich nicht ausstehen konnten? Und warum kämpften Angela Merkel und Nicolas Sarkozy bei EU-Gipfeln Seite an Seite, wenn sie hinter den Kulissen keine Gelegenheit ausließen, sich über den anderen lustig zu machen? Sind Friede, Eintracht und Harmonie nicht unbedingte Bedingungen für eine gelungene Zusammenarbeit? Muss man sich mit seinen Kollegen und Vorgesetzten nicht bestens verstehen, um die besten Ergebnisse zu erzielen? Mitnichten. Vielmehr gilt auch im Büro: Energie braucht Reibung.

Arbeits- und Organisationspsychologen unterscheiden vor allem zwischen zwei Arten von Streitigkeiten: Aufgaben- und Beziehungskonflikte. Zu Letzteren gehört zum Beispiel eine Atmosphäre, die von Misstrauen, Vorurteilen und Antipathie gekennzeichnet ist – mal wegen erratischer Führungskräfte, mal wegen egoistischer Kollegen. Wenig überraschend: Diese Art der Auseinandersetzung ist tatsächlich kontraproduktiv. Wenn die Angestellten mehr mit sich selbst und ihren zwischenmenschlichen Beziehungen beschäftigt sind als mit der inhaltlichen Arbeit, sinkt ihre kognitive Leistungsfähigkeit, während der Stresspegel steigt. So entsteht vieles, aber gewiss keine Exzellenz.

Aufgabenkonflikte hingegen – also etwa unterschiedliche Standpunkte, Ideen und Meinungen – können durchaus hilfreich sein. Eine gesunde Debatte kann die Teammitglieder dazu veranlassen, intensiver nachzudenken, Alternativen zu hinterfragen und einen verfrühten Konsens zu vermeiden. Netter Nebeneffekt: Für die Gruppenentscheidung gibt es im Nachhinein oft größere Akzeptanz, weil es den Angestellten das Gefühl vermittelt, dass sie ihren Teil beigetragen haben.

Die Kostbarkeit des Konflikts verdeutlicht auch eine Studie von Carsten De Dreu und Bernard Nijstad aus dem Jahr 2008. Die niederländischen Psychologen teilten Hunderte Probanden in verschiedene Gruppen: Die einen wurden mental bewusst auf Spannungen gepolt, die anderen auf Kooperation. Nun sollten sie verschiedene Kreativitätstests absolvieren. Und dabei zeigte sich: Die Konfliktgruppe war wesentlich einfallsreicher. Sie entwickelte nicht bloß eine größere Anzahl von Ideen. Als die Wissenschaftler die Einfälle von unabhängigen Beobachtern bewerten ließen, fanden diese sie zugleich wesentlich origineller. De Dreu vermutet: Eine Auseinandersetzung fördert die Konzentration und schärft die Sinne. Denn die Menschen wissen, dass sie sich anstrengen müssen – und klopfen daher alle Reize und Impulse sofort darauf ab, ob sie ihnen weiterhelfen.

Damit wir uns nicht falsch verstehen: Wertschätzung und Respekt sind essenziell, das Büro sollte nicht zum Intrigantenstadl oder zum Schlachtfeld verkommen. Diskussionen sollten immer sachlich und fachlich bleiben, nie persönlich werden. Aber in vielen Fällen führt eben nicht Harmonie zur besten Leistung und cleversten Idee, sondern Unstimmigkeit, Auseinandersetzung und Kontroverse. Ein gewisses Maß an Spannung, Stress und Streit ist durchaus sinnvoll – vor allem dann, wenn Unternehmen auf die Kreativität ihrer Angestellten angewiesen sind.

Umso wichtiger, dass Chefs konstruktiven Streit ermöglichen; dass alle Teammitglieder sich sicher fühlen, ihre Meinung offen sagen zu dürfen; dass konstruktiver Widerspruch nicht verboten, sondern erwünscht ist. Wie sagte schon Sir Winston Churchill: »Wenn zwei Menschen immer wieder die gleichen Ansichten haben, ist einer von ihnen überflüssig.«

69

Talent ist angesehener als Fleiß

Genies schinden mehr Eindruck als Streber

Wie sich Neid anfühlt, lernte ich in der fünften Klasse. Mein damaliger Tischnachbar hieß Matthias, wir verstanden uns zunächst prächtig. Dann schrieben wir die erste Mathearbeit. Ich bereitete mich sorgfältig darauf vor, durfte in den Tagen vor der Arbeit so gut wie kein Fernsehen gucken, machte brav alle Hausaufgaben und ging pünktlich ins Bett. Matthias kam morgens mit leerem Magen, müden Augen und unerledigten Hausaufgaben ins Klassenzimmer. In der Mathearbeit schrieb ich eine Drei. Er schrieb eine Eins.

Von diesem Zeitpunkt an betrachtete ich ihn mit einer Mischung aus tiefer Verachtung und großer Bewunderung. Denn egal, ob in Mathematik, Deutsch oder Latein; egal, wie sehr ich mich auch anstrengte: Mein Tischnachbar schrieb scheinbar mühelos eine Eins nach der anderen, während ich so gerade eben ein »gut« oder »befriedigend« schaffte. Ich weiß nicht, was aus Matthias geworden ist. Aber ich weiß noch heute, dass ich ihn damals beneidete. Er war in vielerlei Hinsicht offensichtlich viel begabter als ich, und ich war ihm trotz allem Ehrgeiz nicht ebenbürtig. Und dieser Kontrast prägt nicht nur Kinder in der Schule – sondern auch Erwachsene im Büro.

An dieser Stelle ein kurzes Gedankenspiel. Nehmen wir an, Sie sind der Personalchef eines Unternehmens und haben die Wahl zwischen zwei Bewerbern. Der eine ist ein Naturtalent, dem alles mühelos zufliegt. Der andere ist ein emsiger Arbeiter, der sich alles mit Hartnäckigkeit und Ausdauer erkämpft. Wen würden Sie eher einstellen?

Wenn es nur nach der Logik ginge, müssten Sie sich für die Arbeitsbiene entscheiden. Immerhin zeigt sie verlässlich und redlich, wozu sie imstande ist. Der andere Bewerber hingegen ist ein Risiko, eine Wette, ein Versprechen. Denn egal wie talentiert er ist: Wir müssen darauf hoffen, dass er sein Potenzial tatsächlich abruft. Sicher sein können wir uns nicht.

Die erste Erwähnung des Wortes Talent (vom griechischen »talanton«, was so viel heißt wie »Waage« oder »Gewicht«) findet sich im Neuen Testament, dort ist die Rede von einem anvertrauten Gut. So verstehen wir das Wort noch heute: Talent ist ein Geschenk, das man entweder bekommen hat oder nicht. Und genau diese scheinbar überirdische Fügung schindet Eindruck – und wirkt sich sogar auf das Berufsleben aus.

Das meint zum Beispiel Chia-Jung Tsay. Die Assistenzprofessorin am University College London ließ im Jahr 2011 Musiker im Alter zwischen 18 und 65 verschiedene Kollegen bewerten. Zu Beginn waren sich alle Freiwilligen einig: In ihrer Branche entschieden über Erfolg oder Misserfolg vor allem Fleiß und Disziplin. Dann reichte Tsay ihnen die Porträts von zwei Pianisten. Die eine Hälfte las darin von einem emsigen und strebsamen Nachwuchsmusiker, die andere von einem Naturtalent. Nun hörten alle Probanden die beiden Künstler 20 Sekunden lang Klavier spielen. Der Clou war jedoch: In Wahrheit wurden beide Stücke von derselben Person gespielt. Ob die Profimusiker das merkten? Von wegen. Das Naturtalent erhielt durchweg bessere Bewertungen, außerdem trauten die Testpersonen ihm eher eine erfolgreiche Karriere als Musiker zu.

Und dieser Effekt, da ist sich Tsay inzwischen sicher, zeigt sich auch in der Berufswelt. Als Beleg dient ihr eine Studie, in der sie Dutzenden Investoren fiktive Lebensläufe von Gründern vorlegte. Darin stand zum Beispiel, wie viel Führungserfahrung die Jungunternehmer hatten, wie hoch ihr Intelligenzquotient war, wie viel Kapital sie bereits eingesammelt hatten. Und: ob sie ihren bisherigen Erfolg eher Talent oder Fleiß zu verdanken hatten. Wem die Investoren eher ihr Geld anvertrauten? Genau: den Naturtalenten – selbst dann, wenn sie nach objektiven Maßstäben wesentlich weniger qualifiziert waren. Doch warum tendieren vermeintliche Experten dazu, objektive Belege für Leistungen zu ignorieren? Sind Prädikatsexamen, Zeugnisse voller Einsen, sprich: harte Fakten gar nicht so wichtig? Wieso haben Naturtalente einen Imagevorsprung?

Tsay zufolge liegt es am besonderen Ruf des Talents: Niemand weiß genau, wem wir gewisse Fähigkeiten zu verdanken haben. Die einen glauben an einen gütigen Gott, die anderen an gute Gene. Doch ganz gleich, worauf man es zurückführt, Talent gilt anscheinend als authentisch, sympathisch und daher vertrauenswürdig. Außerdem basiert Fleiß immer auf einer gewissen Anstrengung, aber die ist eine endliche Ressource. Talent hingegen ist da – und geht nicht mehr weg.

Die Wissenschaftlerin bezeichnet diese Präferenz für Naturtalente als »naturalness bias«. Eine gedankliche Verzerrung, die sich im Unternehmensalltag durchaus rächen kann. Dann etwa, wenn Personaler auf das schlampige Genie reinfallen – und es lieber einstellen als den emsigen Streber, der aber meistens verlässlicher arbeitet. Menschen lassen sich eben bereitwillig vom schönen Schein des Talents blenden. Das wusste schon Michelangelo: »Wenn die Leute wüssten, wie hart ich arbeiten musste, um meine Meisterschaft zu erlangen«, soll der italienische Maler und Bildhauer gesagt haben, »dann würde es gar nicht so wunderbar erscheinen.«

70

Ohne Termindruck passiert nichts

Je länger die Deadline, desto größer die Lethargie

Was lange währt, wird endlich gut. Kommt Zeit, kommt Rat. Hinter diesen abgegriffenen Kalendersprüchen steckt der Glaube, dass das Ergebnis umso besser wird, je mehr Zeit wir haben. Dann nämlich können wir alle Schritte auf dem Weg ins Ziel in Ruhe planen, meistern souverän selbst spontane Irritationen und haben ausreichend Muße für die finale Schlusspolitur. Alles völlig ohne Stress und Hektik. Denken wir zumindest. Nur um beim nächsten Mal dann doch wieder auf den letzten Meter Nachtschichten einzulegen. Müssen wir uns also noch mehr Zeit lassen? Längere Fristen setzen? Ganz im Gegenteil. Je länger die Deadline, desto eher verfallen wir in Lethargie.

Das Wort »Deadline« hat in den vergangenen Jahrzehnten eine interessante Karriere hingelegt. Ursprünglich bezeichnete es den Umkreis rund um ein Gefängnis. Die Deadline war wortwörtlich eine Linie, die man nicht überschreiten sollte, wenn man am Leben hing. Ganz so folgenschwer ist es heute nicht mehr, die Deadline zu ignorieren. Dafür begegnet sie uns inzwischen ständig – Finanzämter setzen den Steuerzahlern Fristen, Chefs ihren Mitarbeitern, Eltern ihren Kindern. Egal ob es darum geht, Duplo-Steine wegzuräumen, Rechnungen zu ordnen oder Präsentationen zu erstellen: Vor die Wahl gestellt, ist uns eine lange Deadline lieber. Dabei ließe sich Hektik relativ simpel vermeiden – indem man sich kürzere Fristen setzt.

Zu diesem Ergebnis kam im Jahr 2018 Meng Zhu, außerordentliche Professorin für Marketing an der amerikanischen Carey Business School. In einem Versuch sollten die Teilnehmer ihre Steuererklärung anfertigen, in einem anderen Experiment ihren Ruhestand planen oder eine Feier vorbereiten. Zhu teilte sie vorab jedoch in zwei Gruppen. Die eine sollte sich vorstellen, für die Aufgabe nur ein paar Tage Zeit zu haben, die andere hatte bis zu acht Wochen Zeit. Das Ergebnis war immer dasselbe: Die Freiwilligen fanden die Aufgaben komplizierter, wenn sie längere Deadlines hatten. Mehr noch: Je mehr Zeit ihnen zur Verfügung stand, desto länger brauchten sie für die Fertigstellung. Außerdem hätten sie einem Experten mehr Geld dafür gezahlt, wenn er ihnen bei der Lösung behilflich war.

Schon seltsam: Die Abgabefrist stand in keinerlei Zusammenhang zur Aufgabe – und dennoch ließen sich die Freiwilligen davon beeinflussen. Wie kann das sein? Entscheidend ist laut Zhu eine Art erlerntes Verhalten. Aus Erfahrung wissen wir, dass häufig ein Zusammenhang besteht zwischen der Komplexität eines Problems und der Zeit, die für dessen Lösung bereitsteht. Eine großzügige Deadline sendet demnach eine unterschwellige Botschaft: Ohne es zu wollen, halten wir die anstehende Aufgabe für schwieriger. Nach dem Motto: Wenn es so leicht wäre, dann wäre die Frist kürzer. Daher glauben wir gewissermaßen automatisch, mehr Ressourcen investieren zu müssen – und lassen uns umso mehr Zeit.

Zhu taufte dieses Phänomen »reiner Deadline-Effekt« (mere deadline effect). Und der wird laut ihrer Studie von zwei Faktoren beeinflusst. Wenn Zhu die Aufgaben in Teilschritte zerlegte, mit festgelegten Prozessen und unmissverständlichen Lösungswegen, beeinflusste eine lange Abgabefrist den Zeitaufwand nicht – womöglich deshalb, weil die Aufgabe wenig Raum ließ, von der Deadline auf die Komplexität zu schließen. Außerdem vermutet die Forscherin, dass auch die Erfahrung eine Rolle spielt. Wer etwas schon oft gemacht hat und alle Schritte kennt, der wird sich von einer langen Frist nicht irritieren lassen. Aber immer dann, wenn wir bei einer Herausforderung Neuland betreten, dürfte der Effekt wirksam sein.

Wenn Sie sich also das nächste Mal über Ihren Chef echauffieren, der das neue Konzept oder die wichtige Präsentation am liebsten bis gestern auf dem Schreibtisch hätte, seien Sie ihm lieber dankbar: Im Endeffekt tut er Ihnen vielleicht einen Gefallen.

71

Transparenz fördert den Frust

Gehälter sollten geheim bleiben

Wenn etwas zu schön klingt, um wahr zu sein, ist es meistens falsch. Komplexe Probleme lassen sich selten durch einfache Lösungen beseitigen – erst recht, wenn es dabei um Geld und Gefühle gleichzeitig geht. Das Thema Gehalt ist in Deutschland traditionell neidbehaftet. »Geld ist in unserer Gesellschaft stärker tabuisiert als Sex«, sagte die Soziologin Jutta Allmendinger einmal, Präsidentin des Wissenschaftszentrums Berlin für Sozialforschung. Die Aussage mag überspitzt sein, aber sie hat einen wahren Kern: Über das Einkommen seiner Mitmenschen spekuliert jeder gerne, das eigene behält man lieber für sich. Doch diese Geheimniskrämerei führt naturgemäß zu Klatsch und Tratsch. Was man nicht weiß, macht eben erst recht heiß.

Wie schön, dass es da eine ganz simple Lösung gibt: Man muss die Gehälter einfach transparent machen! Wenn alle Angestellte wissen, was die Kollegen verdienen, ganz gleich ob Praktikant oder Pförtner, Vertriebler oder Vorstandschef, dann entfallen zumindest schon mal Gemauschel, Getuschel und Gerüchte. In der Theorie klingt die Idee absolut bestechend. In der Praxis hingegen sorgt sie für Neid, Frust und Missgunst. Gläserne Gehälter zerscheppern viel emotionales Porzellan. Und das nicht nur, weil es in Zeiten der Kopfarbeit schwierig ist, Leistung objektiv zu messen. Tatsächlich zeigt eine Reihe von Untersuchungen: Monetäre Durchlässigkeit vergiftet das Betriebsklima.

Zu diesem Ergebnis kam zum Beispiel David Card im Jahr 2012. Für seine Studie nutzte der Ökonomieprofessor der University of California, Berkeley, eine entsprechende Internetseite der Tageszeitung *Sacramento Bee*. Die Redaktion hatte im März 2008 alle Gehälter der kalifornischen Beamten veröffentlicht – darunter auch die der Angestellten der staatlichen Universität von Kalifornien. Card und sein Team schrieben nun zwischen Oktober 2008 und Mai 2009 per Zufallsprinzip Tausende Angestellte der Hochschule an, um auf die Gehaltstabelle zu verweisen. Wenig überraschend: Knapp 90 Prozent der Menschen schauten vor allem nach den Einkommen ihrer unmittelbaren Kollegen, für Topverdiener aus anderen Fakultäten interessierten sie sich kaum.

Eine Woche nach der ersten E-Mail verschickte das Team erneut Rundmails mit einem Link, der die Freiwilligen zu einem Fragebogen führte. Dort sollten sie nicht nur ihr Gehalt angeben, sondern auch ankreuzen, wie zufrieden sie derzeit mit ihrem Einkommen waren; wie fair sie ihre Bezahlung fanden; wie glücklich sie derzeit mit ihrem Job waren; und ob sie in den kommenden zwölf Monaten eine neue Stelle suchen wollten. Als Card die Angaben aller 6 400 Personen verglich, bemerkte er erhebliche Unterschiede: Wer im Vergleich zu ebenbürtigen Kollegen weniger verdiente, war sowohl mit seiner Bezahlung als auch mit seinem Job unzufriedener – und zeigte eine höhere Wechselbereitschaft. In die andere Richtung funktionierte der Effekt jedoch nicht. Wer erfuhr, dass er überdurchschnittlich gut verdiente, den machte das weder glücklicher mit seinem Job noch loyaler gegenüber seinem Arbeitgeber. Der Frust der Verlierer war größer als die Freude der Gewinner.

Menschen neigen nun mal zum Vergleichen, und das führt selten ins Seelenheil. Nur wer mehr verdient als der Rest – das ist naturgemäß die Minderheit –, fühlt sich vielleicht ein wenig besser. Wer weniger verdient als viele andere, fühlt sich hingegen mit Sicherheit mies. Erst recht dann, wenn die Leistung und deren Entlohnung nicht völlig objektiv sind.

Nun könnte man die Studie leicht kritisieren. Wer sagt denn, dass die frustrierten Mitarbeiter tatsächlich kündigten? Nun, zumindest hat Card dafür gewisse Indizien. Etwa zwei Jahre nach den Rundmails schaute er nach, ob die damaligen Freiwilligen noch dieselbe E-Mail-Adresse ihrer Hochschule besaßen – ein Indiz dafür, dass sie weiterhin dort arbeiteten. Und siehe da: Tatsächlich waren auffallend viele E-Mail-Adressen verschwunden. Cards Schlussfolgerung: Es ist im Interesse von Arbeitgebern, die Löhne in ihrem Unternehmen geheimzuhalten. Ja, einige wenige Hochbezahlte sind aufgrund der Transparenz umso zufriedener – aber gleichzeitig sind all die Geringverdiener wesentlich frustrierter.

72

Überstunden fördern die Karriere

Lange Arbeitszeiten erhöhen die Chance auf eine Beförderung

Im Jahr 2017 leisteten die deutschen Arbeitnehmer rund 789 Millionen bezahlte und 925 Millionen unbezahlte Überstunden. Aber nein, Mitleid ist nicht nötig. Denn immerhin trifft es bei der Mehrarbeit vor allem die höher bezahlten Berufe.

Die Vergütungsanalysten von Compensation Partner wollten im Jahr 2018 wissen, wie viele Überstunden die Deutschen machen. Demnach leistet eine Fachkraft in Deutschland im Lauf ihrer Karriere rund 6500 Überstunden, bei Führungskräften sind es 15400. Die meisten gehen auf das Konto von Unternehmensberatern: Pro Woche fallen 5,11 Stunden an, von denen 74 Prozent nicht ausgeglichen werden.

Nun darf man nicht darauf hereinfallen, Kausalität mit Korrelation zu verwechseln. Die Überstunden müssen nicht der Grund sein, warum jemand Karriere gemacht hat. Aber es lässt sich nicht bestreiten, dass es nicht schaden kann, viel, hart und lange zu arbeiten. Dass es zumindest einen Zusammenhang gibt zwischen dem Pensum im Büro und der Position auf der Karriereleiter. Wer mehr Zeit im Büro verbringt, steht tendenziell auf einer höheren Sprosse.

Davon ist auch Takao Kato überzeugt. Der Ökonomieprofessor an der US-amerikanischen Colgate University analysierte zusammen mit seinen Kollegen Anders Frederiksen und Nina Smith von der Aarhus Universitet repräsentative Daten des dänischen Statistikamtes. Die Regierungsbehörde verfolgt seit 1994 in zwei Langzeitstudien das Leben von etwa 168000 Dänen, Männer wie Frauen. Sie machen darin auch regelmäßig Angaben zu ihrer beruflichen Situation. Wie viel sie pro Woche arbeiten, auf welcher Hierarchieebene sie sich gerade befinden. Wenig verwunderlich: Nur 2,7 Prozent aller Befragten arbeiteten auf der Vorstands- oder Geschäftsführerebene – und jedes Jahr schafften den Sprung dorthin gerade mal 1,6 Prozent aller Abteilungs-leiter.

Aber dieser erlesene Kreis teilte eine Gemeinsamkeit: Wer es zwischen zwei Umfragen vom Abteilungsleiter zum Vorstand geschafft hatte, arbeitete durchschnittlich 42,1 Stunden pro Woche. Wer nicht befördert worden war, arbeitete im Schnitt nur 36,5 Stunden. Wer viel Zeit im Büro verbringt, sammelt laut Kato mehr Wissen und Kompetenz. Er signalisiert Einsatzbereitschaft – und das wiederum steigert die Chancen auf eine Beförderung. Bevor Sie nun aber die Nächte im Büro verbringen und auch an den Wochenenden nie frei machen, in der Hoffnung, dass entweder Ihr eigener oder ein anderer Arbeitgeber endlich Ihr wahres Talent entdeckt und Sie in die Chefetage lockt, hier noch zwei wichtige Details.

Zum einen entdeckte Kato zwar einen Zusammenhang zwischen der Karriere einerseits und Überstunden an Werktagen andererseits – nicht aber zur Arbeit am Wochenende. Zum anderen bemerkte er: Die Korrelation existierte nur bei internen Beförderungen, nicht aber bei externen. Soll heißen: Nur weil Sie in Ihrer Firma viel ackern, muss das noch keiner anderen Firma auffallen. Und so sagt auch der Studienautor: »Die Chancen auf eine Karriere im Topmanagement steigen deutlich, wenn sie viel arbeiten – vor allem aber mehr als ihre Kollegen.«

73

Versammlungen im Stehen sind besser als im Sitzen

Ohne Stühle kommen alle schneller zum Punkt

Am 28. August 1914 rief der französische General Joseph Gallieni gegen 10 Uhr morgens seine wichtigsten Berater zusammen. Etwa vier Wochen zuvor war der Erste Weltkrieg ausgebrochen, und langsam erkannte Gallieni den Ernst der Lage. Der Militärgouverneur von Paris war vor allem dafür zuständig, die Hauptstadt zu schützen, deshalb wollte er jetzt keine Zeit verschwenden. Nun sei nicht der richtige Moment für lange Diskussionen, ließ er die Anwesenden wissen, sondern für schnelle Entscheidungen. Deshalb sollten sie bitte lediglich ein paar Dokumente unterzeichnen, die Gallieni weitreichende Kompetenzen gaben, ohne dass er sich vorher mit irgendjemandem abstimmen musste. Um den Zeitdruck zu versinnbildlichen, verzichtete Gallieni auf einen Konferenztisch ebenso wie auf Stühle, alle Teilnehmer mussten stehen. Nach 15 Minuten war die Runde beendet.

Das Beispiel des französischen Generals erwähnte im Jahr 1999 der Managementprofessor Allen Bluedorn von der University of Missouri zu Beginn einer Studie. Und ich ahne schon, was Sie nun sagen: Die Anekdote taugt nicht als Analogie für die Unternehmenswelt, weil dort ein Befehlshaber seinen Untergebenen Anweisungen erteilt und die Runde eher an eine Audienz als an eine Gruppendiskussion erinnert.

Recht haben Sie, einerseits. Doch andererseits mehren sich inzwischen die Hinweise, dass dieser Aspekt der militärischen Teamführung tatsächlich als Blaupause für die Unternehmenswelt taugt: Egal ob Großkonzern, Mittelständler oder Handwerksbetrieb – es sollten viel mehr Besprechungen im Stehen abgehalten werden. Damit würde man vielen Menschen einen großen Gefallen tun und ihr Leben erheblich erleichtern – und außerdem die Debattenkultur fördern.

Glaubt man all den einschlägigen Studien und Umfragen, gibt es nichts, was die Menschen so unglücklich macht wie Konferenzen. Erst im Jahr 2018 befragte das Meinungsforschungsinstitut Forsa im Auftrag der Beratung Porsche Consulting 1 011 deutsche Erwerbstätige in Büroberufen, ob sie Wünsche zur Verbesserung ihrer Arbeitsumgebung hatten: Jeder Dritte nannte weniger und kürzere Besprechungen.

Und was passiert? Nichts. Studien zufolge sitzen Angestellte im Schnitt 15 Prozent ihrer Arbeitszeit in Meetings – macht bei einer 40-Stunden-Woche ganze sechs Stunden verschwendete Lebenszeit. Das Ausmaß kennt jeder: Die einen schlafen mit offenen Augen, die anderen daddeln auf dem Smartphone herum, wieder andere planen schon mal das kommende Wochenende. Eine einmalige Verschwendung von Zeit, Geld, Nerven und Energie. Was ursprünglich mal als Entlastung geplant war, ist zur Belastung verkommen. Wo eigentlich Ideen ausgetauscht und diskutiert werden sollen, reüssieren Selbstdarsteller und Maulhelden. Es geht um alles, nur nicht um die Sache.

Nun gibt es zahlreiche Tipps für bessere Meetings, manche sind gar nicht so übel. Etwa: vorher genau überlegen, wer wirklich dabei sein muss; Agenda festlegen; Zeitlimit setzen. Alles nicht verkehrt. Aber am Ende sitzt man dann doch wieder am Tisch, schweift ab und stößt nur auf alte Probleme statt neuer Lösungen. Dabei wäre es vergleichsweise simpel, Besprechungen für alle Anwesenden leichter erträglich zu machen. Man bräuchte dafür auch gar keine teuren Designertische oder Stühle – sondern nur einen leeren Raum. Und das führt uns wieder zu Allen Bluedorn.

Der Managementprofessor konzipierte vor 20 Jahren ein cleveres Experiment. Dafür teilte er 555 Studenten in Fünfergruppen und reichte ihnen eine Übung namens »Lost on the Moon«. Darin sollen sich die Spieler vorstellen, auf dem Mond gestrandet zu sein – und nur 15 Gegenstände haben die Bruchlandung überlebt. Nun sollen die Gruppenmitglieder die Objekte danach ordnen, wie wichtig sie für ihr Überleben sind.

Vorher hatte Bluedorn Astronauten und Wissenschaftler die Gegenstände nach ihrer Notwendigkeit bewerten lassen – wodurch er die Qualität der Gruppenentscheidungen vergleichen konnte. Ein Teil der Probanden durfte während der Debatte auf bequemen Stühlen Platz nehmen, der andere Teil musste sich im Stehen beraten. Und siehe da: Die Steh-Meetings waren nicht nur um 34 Prozent kürzer. Die Teilnehmer kamen sogar zu besseren Ergebnissen.

Arbeitsforschern zufolge haben Konferenzen im Stehen vor allem drei Vorteile: Sie sind erstens ökonomischer, weil sie kürzer dauern. Stehen ist meist unbequemer als Sitzen, dementsprechend sind alle Beteiligten daran interessiert, die Veranstaltung schnell zu beenden. Man konzentriert sich aufs Wesentliche, schweift nicht ab und kommt schnell zum Punkt. Herrlich. Zweitens bringt es den Geist buchstäblich mit auf Trab, wenn die Beine den Körper in der Balance halten. Im Stehen schläft es sich meist schlecht.

Und drittens glauben Wissenschaftler, dass Meetings im Stehen die Gruppendynamik beeinflussen. Stellen Sie sich mal kurz den typischen Konferenzraum vor. Es gibt vergleichsweise bequeme Stühle oder Sessel, in die man sich bei Bedarf so richtig schön hineinfläzen kann. Im Regelfall hat jeder Teilnehmer seinen eigenen Platz – eine Art unsichtbares Revier. Jenes entfällt bei Meetings im Stehen, sie führen zu einer Art Demokratisierung der Rangordnung. Und das wirkt sich positiv auf die Gruppendynamik aus. Weg vom Einzelkämpfer, hin zum Kollektiv.

74

Verwundbarkeit erzeugt Sympathie

Echte Stärke kann sich Schwäche erlauben

Üblicherweise gehen Menschen ins Museum, um sich etwas anzuschauen – Gemälde oder Skulpturen aus der Vergangenheit zum Beispiel. Im Rubin Museum of Art in New York ging es neulich jedoch um Gegenwart und Zukunft. Und die Besucher kamen nicht einfach nur, um etwas zu sehen. Sondern auch, um etwas loszuwerden.

Im Februar 2018 eröffnete dort die Ausstellung »A Monument for the Anxious and Hopeful«, eine Idee der US-amerikanischen Aktionskünstler Candy Chang und James Reeves. Ein Jahr lang sollten die Besucher ihre intimsten Gedanken auf einem kleinen Stück Pappe notieren und an einer Wand befestigen. Auf der linken Seite ihre Ängste, auf der rechten Seite ihre Hoffnungen. Nach zwölf Monaten hingen dort 50 000 Beiträge, ein Dokument der Sorgen und Lichtblicke: »Ich fürchte mich davor, alleine zu sterben … keine Kinder zu bekommen … meine Mitmenschen zu enttäuschen … Ich bin zuversichtlich, weil ich tolle Freunde habe … weil ich mein Leben noch vor mir habe … weil Musik mein Leben jeden Tag besser macht …«

Im Schutz der Anonymität ließen die Menschen ihre seelischen Hüllen fallen. Und genau diese Reaktion hatten die Initiatoren erwartet: »Viele Menschen haben das Gefühl, dass sie ihr Leben so gerade eben auf die Reihe bekommen«, sagt Chang, »da ist es unglaublich beruhigend, seine eigenen Gedanken in einer fremden Handschrift auf einer Wand wiederzuerkennen. Eine schöne Erinnerung daran, dass es um uns herum doch menschlich zugeht.«

Das Projekt von Chang und Reeves ist aus mehreren Gründen ungewöhnlich. Zum einen, weil Museumsbesucher nun mal eben meistens inaktive Zuschauer sind, keine aktiven Akteure. Zum anderen, weil es den meisten Menschen zuwider ist, in aller Öffentlichkeit einen Seelenstriptease hinzulegen. Nicht nur, aber vor allem im Job gibt kaum jemand gerne zu, wie es in seinem tiefsten Inneren aussieht. Zu groß ist die Angst, schwach, hilflos und verweichlicht zu wirken; auf Unverständnis und Ablehnung zu treffen; die Kontrolle zu verlieren und sich angreifbar zu machen. Dann doch lieber die emotionale Rüstung anbehalten. Dabei ist es nicht nur das Zeichen ultimativer Stärke, seine Schwächen zu offenbaren. Es kann unserem Ansehen sogar nützen, zumindest unter gewissen Bedingungen. Dann nämlich, wenn wir vom »beautiful mess effect« profitieren.

Anna Bruk, Psychologin der Universität Mannheim, ließ sich bei ihren Forschungen von Brené Brown inspirieren. Die Sozialwissenschaftlerin von der University of Houston hat sich in den vergangenen Jahren auf die Erforschung von Scham und Empathie spezialisiert. Ihre weltweite Bekanntheit verdankt sie einer Rede bei der Ideenkonferenz TED im Juni 2010. Damals sprach sie über ihren Mut zum humorvollen Umgang mit ihren eigenen Blessuren. Mehr als 35 Millionen Nutzer klickten den Vortrag bislang an, jedes der von Brown danach veröffentlichten Bücher war ein Bestseller. Brown beweist: Wer zugibt, dass er nicht vollkommen ist, kann Großes erreichen. Und sammelt damit bei seinen Mitmenschen mitunter reichlich Sympathiepunkte.

Das bemerkte auch Anna Bruk in insgesamt sechs Experimenten. Darin sollten sich die Freiwilligen verschiedene Situationen vorstellen, in denen sie Verletzlichkeit zeigten. Mal gestanden sie dem besten Freund ihre Liebe, mal entschuldigten sie sich nach einem heftigen Streit bei ihrem Partner, mal beichteten sie Kollegen einen folgenschweren Fehler. Wenig überraschend: Alleine die Vorstellung, diese Gefühle zu offenbaren und dumm dazustehen, ließ die Probanden erschaudern. Dann jedoch sollten sich die Freiwilligen eine andere Person in dieser Rolle vorstellen – und plötzlich waren die Schamgefühle verschwunden. Stattdessen bewunderten sie nun den Mut, Verletzlichkeit zu zeigen.

Genauso war es in einem weiteren, etwas gemeinen Versuch. Dabei gaukelte Bruk der einen Hälfte der Probanden vor, dass sie nun spontan ein Lied singen müsse, während die andere Hälfte als Jury fungierte. In Wahrheit musste letztlich niemand singen oder die Leistung bewerten, Bruk wollte nur die entsprechende Nervosität künstlich erzeugen und die Reaktion testen. Mit Erfolg: Die Gesangsgruppe empfand es als blamabel, unangenehm und abschreckend, Schwäche zu zeigen. Die Jury hingegen war wesentlich großzügiger. Statt sich über die fehlenden Gesangskünste lustig zu machen, respektierten sie den Mut der tapferen Sänger.

Bruk zufolge liegt dieser Unterschied an einer Art Fehlprogrammierung unseres Gehirns. Wenn wir über unsere eigene Verwundbarkeit nachdenken, ist sie konkret und real, eben weil wir uns selbst am nächsten sind. Dadurch fokussieren wir uns jedoch darauf, was alles schiefgehen kann. Denken wir hingegen an die Verletzlichkeit einer anderen Person, ist das viel abstrakter. Wir betrachten die Situation gewissermaßen aus der Vogelperspektive. Und können nicht nur das Schlechte sehen. Sondern auch das Gute.

Bedeutet das also, dass wir diesen Mechanismus ganz einfach für uns nutzen können? Wirkt immer stark, wer Schwäche zeigt? Ganz so einfach ist es nicht. Denn tatsächlich funktioniert der Effekt nur unter gewissen Umständen.

Das bemerkte der berühmte US-Sozialpsychologe Elliot Aronson schon in den Sechzigerjahren. Damals spielte er Probanden Tonbänder vor, auf denen Personen Quizfragen beantworteten. Vereinzelt hörte man, wie die Kandidaten einen Becher mit Kaffee verschütteten. Und tatsächlich: Diese Tollpatschigkeit erhöhte die Sympathie – allerdings nur dann, wenn die Kandidaten zuvor bereits viele Quizfragen korrekt beantwortet hatten. Wer sich hingegen als geistiger Tiefflieger erwiesen hatte und dann auch noch seine Tasse umkippte, der fiel in der Bewertung umso deutlicher zurück. Aronson folgerte damals, dass kleine Fehler die Attraktivität erhöhen – zumindest bei Menschen, die zuvor bereits ihre Kompetenz bewiesen haben. Oder anders formuliert: Verletzlichkeit alleine reicht zur Imagepflege nicht aus, sondern kann immer nur als eine Art Verstärker eingesetzt werden. Wer aber ansonsten keine Kompetenz zeigt, zerstört auch noch den letzten Rest Glaubwürdigkeit.

75

Die Work-Life-Balance steht dem Glück im Weg

Zu viel Muße drückt aufs Gemüt

Wer einmal Höhenluft geschnuppert hat, kehrt selten aus freien Stücken zum Fuß des Berges zurück – erst recht, wenn der Gipfel schon in Sicht ist, man noch genug Energie verspürt und weiterhin Freude hat. Aufgeben? Ein anderes Mal. Umso erstaunlicher ist die Entscheidung von Antje Neubauer.

Im Januar 2019 gab die damalige Marketing- und PR-Chefin der Deutschen Bahn bekannt, ihren gut dotierten und renommierten Posten im darauffolgenden Sommer zu verlassen. Nicht aus Frust oder Streit, nicht wegen Misserfolgs oder Missmanagements. Sondern freiwillig. »Ich gönne mir in einer Phase, in der es für mich so großartig läuft, einen Moment innezuhalten, um losgelöst vom gewohnten Berufsalltag zu überlegen, wie ich persönlich meine nächsten 50 Lebensjahre gestalten möchte«, sagte sie dem Medienmagazin *Horizont*. Sicher werde sie sich auch Gedanken über ihre berufliche Zukunft machen, aber zunächst stünden andere Dinge auf ihrer Agenda. Mit ihrem Pferd durch die Wälder zu reiten beispielsweise: »Und dies nicht nur einmal im Quartal.« Ob sie für ihren Schritt in die Arbeitslosigkeit belohnt wird? Zu wünschen wäre es ihr. Unbedingt wahrscheinlich ist es jedoch nicht.

Antje Neubauer steht stellvertretend für eine neue Generation von Führungskräften. Früher führte der Weg zum Glück über Geld, Macht und Status. Inzwischen streben viele Menschen nicht mehr nach einer steilen Karriere, sondern nach dem guten Leben. Feste Arbeitszeiten statt Nachtschichten, Funkloch statt Verfügbarkeit, Verlässlichkeit statt Spontaneität: Das wertvollste Karriereziel ist eine ausgeglichene Work-Life-Balance. Darauf ließ Anfang 2018 auch der Global Talent Monitor der Marktforschung CEB schließen. Weltweit beteiligten sich mehr als 22 000 Arbeitnehmer aus 40 Ländern, aus Deutschland machten

1 250 Angestellte mit. Die Vergütung landete erstmals nicht mehr unter den fünf wichtigsten Karrierezielen. Stattdessen zählten vor allem eine ausgewogene Work-Life-Balance und genügend Urlaub.

Die Stiftung für Zukunftsfragen erkundigt sich für ihren Freizeit-Monitor schon seit einigen Jahren danach, wie die Deutschen die Zeit außerhalb des Büros nutzen – und entdeckte in der jüngsten Umfrage erneut zahlreiche unerfüllte Wünsche. 63 Prozent wollten in ihrer Freizeit am liebsten spontan das machen, wozu sie gerade Lust hatten. 61 Prozent wiederum vermissten Ausschlafen, 52 Prozent Faulenzen und Nichtstun. »Je komplexer, verplanter und transparenter das eigene Leben wird, desto mehr steigt das Bedürfnis nach den einfachen Dingen«, sagt Ulrich Reinhardt, wissenschaftlicher Leiter der Untersuchung. »So wie in der Kindheit möchte man die Freiheit haben, der eigenen Intuition folgen zu können. Egal ob dies nun die Lust auf ein Treffen, eine Unternehmung oder einfach chillen ist.« Aber würde es uns wirklich besser gehen, wenn wir wenig Arbeit und viel Freizeit hätten? Sollten wir alle danach streben, möglichst früh in Feierabend zu gehen, möglichst rasch in Rente?

Auf gar keinen Fall, meint zumindest Marissa Sharif, Assistenzprofessorin für Marketing an der University of Pennsylvania. Ja, wenig Freizeit sei eng verbunden mit niedrigerer Lebenszufriedenheit: »Aber das heißt noch lange nicht, dass viel Freizeit automatisch glücklicher macht«, sagt Sharif, »ganz im Gegenteil.«

Zu diesem kontroversen Resultat gelangte die Forscherin, als sie zwei US-Langzeituntersuchungen auswertete. Bei einer davon machten etwa 13 700 Menschen zu vier verschiedenen Zeitpunkten zwischen 1992 und 2008 Angaben zu ihrem Leben. Einerseits gaben sie Auskunft darüber, wie viele Minuten oder gar Stunden sie täglich zur freien Verfügung hatten. Andererseits sagten sie, wie zufrieden sie aktuell mit ihrem Leben waren (1: sehr, 4: gar nicht). Und siehe da: Zunächst stieg die Zufriedenheit mit dem Ausmaß der Freizeit, allerdings nur bis zu einem gewissen Punkt von etwa zwei Stunden. Darüber hinaus führte mehr Muße nicht zu mehr Glück, sondern zu mehr Unzufriedenheit – unabhängig von Geschlecht, Alter, Beziehungsstatus oder Einkommen.

Für den zweiten Teil ihrer Studie analysierte Sharif die *American Time Use Survey*, die von einer Abteilung des US-Arbeitsministeriums organisiert wird. Darin machen knapp 22 000 Erwachsene detaillierte Angaben zu ihren Tagesabläufen – was sie wie lange erledigten und ob sie dabei allein waren beispielsweise. Außerdem sollten sie angeben, wie zufrieden sie derzeit mit ihrem Leben waren. Sie ahnen es sicher schon: Das Ausmaß der Freizeitaktivitäten hatte nur bis zu einem gewissen Punkt Auswirkungen auf das Seelenheil. Ab einer Grenze von etwa 3,5 Stunden kippte das Verhältnis, nun hing mehr Erholungszeit zusammen mit weniger Zufriedenheit: »Keine Zeit zu haben, ist nicht schön«, sagt Sarif, »aber mehr Zeit zu haben, ist nicht zwingend besser.«

Nun leuchtet es sofort ein, warum Zeitmangel das Glück nicht gerade fördert. Wer ständig nur arbeitet und weder Zeit für sich noch seine Freunde oder Familie hat, der verliert das Gefühl, die Kontrolle über sein Leben zu haben. Außerdem ernährt er (oder sie) sich ungesünder, schläft schlechter und bewegt sich weniger. Aber warum sollte zu viel Freizeit dem Glück im Wege stehen?

Sharif vermutet: Wer zu viel Muße hat, der fühlt sich nutzlos, dem mangelt es an Sinn, der vermisst ein Ziel oder das Gefühl, gebraucht zu werden. Außerdem ist der Mensch nun mal ein Gewohnheitstier. Was wir im Überfluss haben, werden wir schnell leid. Und was für Luxusgegenstände gilt, das gilt eben auch für Zeit. Ja, die Aussicht aufs Nichtstun mag süß klingen. Doch wenn sich dieser Wunsch erfüllt, ist der Beigeschmack häufig bitter.

Hohe Ziele lassen sich leichter erreichen

Je ambitionierter das Vorhaben, desto größer die Energie

Wer es sich selbst oder seinen Angestellten schön leicht machen will, formuliert bescheidene Ziele. Motto: Wenn das Pferdchen nur über ein kleines Hindernis hüpfen muss, ist es schneller zufrieden. Aber diese vermeintliche Wohltat kann sich rächen. Unter gewissen Umständen sind die Menschen mit hohen Zielen nämlich nicht nur zufriedener – sondern erreichen sie sogar einfacher.

Psychologen unterscheiden zwischen zwei Arten von Vorhaben. Da wären zum einen die »attainment goals«, für die man etwas anders und besser machen muss: schneller rennen, höher springen oder weiter werfen; sorgfältiger sparen, gesünder ernähren oder fleißiger lernen. Und zum anderen gibt es die »maintenance goals«, bei denen alles so bleiben soll, wie es gerade ist: Das Idealgewicht, die Stammkunden, der Kontostand. Welches Ziel wäre ihnen lieber – und welches fänden sie leichter zu erreichen?

Diese Frage stellte Antonios Stamatogiannakis von der spanischen IE Business School Hunderten Probanden. Er fragte die Testpersonen zunächst, wie schwierig, aber reizvoll sie gewisse Ziele fanden. Mal ging es um sportliche oder akademische Leistungen, mal um gesündere Ernährung oder solidere Finanzplanung.

Vorher war sich der Wissenschaftler sicher: Die Freiwilligen würden jene Vorhaben, auf die sie zuerst hinarbeiten mussten, komplizierter finden und häufiger ablehnen. Denn hier ist die Lücke zwischen Wunsch und Wirklichkeit wesentlich größer, weil wir etwas erreichen wollen, was wir derzeit noch nicht haben. Im Gegensatz dazu müssen wir uns bei »maintenance goals« »nur« darauf konzentrieren, dass alles so bleibt, wie es ist. Theoretisch schüchtert das wesentlich weniger ein. Praktisch hingegen empfanden die Freiwilligen in der Befragung die

Status-quo-Ziele schwieriger als jene, für die sie zumindest ein kleines bisschen strampeln mussten.

Als Stamatogiannakis die Probanden daraufhin bat, sich für ein Ziel zu entscheiden, wählten sie erneut die ambitionierteren »attainment goals« – egal ob es darum ging, bessere Noten zu schreiben, mehr Sport zu machen, mehr zu arbeiten oder mehr zu sparen. Obwohl die Probanden wussten, dass diese Ziele nur mit mehr Arbeit zu erreichen waren, verbanden sie mit ihnen größere Freude als mit der Beibehaltung des Status Quo.

Im zweiten Durchgang sollten sie ihre Entscheidung begründen. Und dabei stellte der Forscher fest: Die Gruppe mit den höheren Zielen schrieb darüber, wie klein die Lücke zwischen Start und Ziel war – und das stimmte sie optimistisch. Die Gruppe mit den Status-quo-Zielen jedoch listete wesentlich mehr Gründe auf, was alles schiefgehen konnte. Offenbar fürchteten sie sich stärker davor, etwas Bestehendes zu verlieren – und das stimmte sie pessimistisch.

Vielleicht führen wir uns noch einmal kurz vor Augen, wie wir die Schwierigkeit eines Ziels bewerten: Unser Gehirn betrachtet dabei automatisch, wie weit es noch entfernt ist. Je größer die Lücke zwischen Wunsch und Wirklichkeit, desto komplizierter erscheint uns das Vorhaben. Bei »maintenance goals« ist diese Lücke aber naturgemäß gar nicht vorhanden, so dass wir ihr auch keine Beachtung schenken müssen. Eigentlich könnten wir uns also direkt ans Werk machen. Uneigentlich denken wir dann sofort über die Umstände nach und finden Ausreden, warum etwas nicht klappen könnte – während wir bei überschaubaren Vorhaben immerhin nach Gründen suchen, warum es klappen könnte.

Stamatogiannakis zufolge hält seine Studie vor allem Lektionen für Chefs bereit: Sie sollten ihren Teammitgliedern zumindest bescheidene Verbesserungsziele setzen. »Selbst wenn das Ziel anspruchsvoll ist, wird Ihr Team die Vorteile erkennen«, sagt er, »und motiviert sein, um ein Ziel zu erreichen, das sie hinterher stolz macht.«

Der Zwang zum Glück fördert das Unglück

Niemand kann immer fröhlich sein

Keine Frage: Es ist schöner, glücklich zu sein als unglücklich. Wer morgens gerne aufsteht, hat tagsüber mehr Spaß und geht abends zufriedener ins Bett; lebt länger und gesünder; führt stabilere Beziehungen; und verdient auch noch mehr Geld. So lauten zumindest einige der Ergebnisse der Glücksforschung, die Psychologen und Ökonomen in den vergangenen Jahren zu einer Lieblingsdisziplin erkoren haben. Und zu einem echten Verkaufsargument. In den Regalen der Buchhandlungen tummeln sich Ratgeber von Autoren wie Eckart von Hirschhausen (*Glück kommt selten allein …*), Stefan Klein (*Die Glücksformel*) oder Dale Carnegie (*Sorge dich nicht – lebe!*). All diese Bücher suggerieren: Innere Ausgeglichenheit ist nicht der Weg, sondern das Ziel. Wer glücklich ist, der hat es geschafft. Das Leben reicht dir Zitronen? Mach Limonade draus!

Nun ist dagegen theoretisch nichts einzuwenden. Praktisch jedoch ist die Suche nach der Lebensfreude außer Kontrolle geraten. Und mit dieser Vermutung bin ich nicht alleine. Denn eine Reihe von Psychologen wehrt sich inzwischen ebenfalls mit guten Argumenten gegen das Diktat des Glücks. Denn dieser Zwang ist mitunter nicht nur wirkungslos. Schlimmer noch: Er fördert das Unglück erst recht. Und Lucy McGuirk von der australischen University of New South Wales kann auch erklären, warum.

Für ihre Studie absolvierten 116 Studenten einige Rätsel. Die erste Gruppe erhielt eine Reihe von Aufgaben, die in Wahrheit unlösbar waren – und saß währenddessen in einem Raum voller Motivationsposter und Glücksbücher. Außerdem erinnerte der Versuchsleiter sie vor der Übung daran, wie wichtig es war, optimistisch zu bleiben und immer schön positiv zu denken. Die zweite Gruppe sollte ebenfalls unlösbare Aufgaben lösen, allerdings in einem neutralen Raum.

Danach absolvierten alle Freiwilligen fünf Minuten lang eine Meditationsübung, wobei sie zwölf Mal von einem Ton unterbrochen wurden – und just in diesem Moment sollten sie sagen, woran sie gerade dachten. Und siehe da: Die Gruppe, die zuvor im Glückszimmer gescheitert war, grübelte noch viel stärker über ihr Versagen nach. Die andere Hälfte hatte mit dem frustrierenden Erlebnis schon weitgehend abgeschlossen.

McGuirk vermutet: Wer in einem Umfeld patzt, das auf positive Emotionen Wert legt und negative als unpassend darstellt, der hadert hinterher umso mehr mit seinem Schicksal. Das bestätigte auch eine darauffolgende Umfrage unter 200 Personen: Verspürten sie eine gesellschaftliche Verpflichtung zur Fröhlichkeit, klagten sie im Anschluss umso häufiger über Frust, Traurigkeit und Depressionen. »Wenn Menschen auf Glück besonders viel Wert legen, reagieren sie mitunter falsch auf emotional belastende Zustände«, sagt McGuirk.

Das Leben besteht nun mal nicht nur aus schönen Momenten, sondern auch aus traurigen. Wir erleben nicht immer nur Siege, Triumphe und Erfolge, sondern auch Miseren, Schicksalsschläge und Unglücke. Doch wer glaubt, dass das permanente Glück zum guten Leben zwingend dazu gehört, der empfindet negative Gefühle als persönliches Versagen, macht sich Vorwürfe und fürchtet sich vor den Nebenwirkungen dunkler Emotionen. So berechtigt der Fokus auf Glück auch ist: Wir dürfen dabei nicht vergessen, dass jede Emotion ihren Sinn und Zweck hat. Manchmal brauchen wir eine gesunde Portion Pessimismus, um gute Arbeit zu leisten – und damit am Ende glücklich zu werden.

Literatur

Vorwort

Die Rede von Steve Jobs im Wortlaut …: https://news.stanford.edu/2005/06/14/jobs-061505/ (abgerufen am 18.4.2019)

Die beiden Managementforscher …: Jason Pierce und Herman Aguinis (2013). »The Too-Much-of-a-Good-Thing Effect in Management.« In: *Journal of Management*, Band 39, Nummer 2, Seite 313–338

Ein durchsetzungsstarker Chef …: Daniel Ames und Francis Flynn (2007). »What breaks a leader: The curvilinear relation between assertiveness and leadership.« In: *Journal of Personality and Social Psychology*, Band 92, Nummer 2, Seite 307–324

Ähnlich ist es mit der Gewissenhaftigkeit …: Robert Tett et al (1991). »Personality measures as predictors of job performance: A meta-analytic review.« In: *Personnel Psychology*, Band 44, Ausgabe 4, Seite 703–742, und Deborah Whetzel et al (2010). »Linearity of personality-performance relationships: A large-scale examination.« In: *International Journal of Selection and Assessment*, Band 18, Nummer 3, Seite 310–320

Genauso wenig führt Autonomie …: Mary Logan und Daniel Ganster (2007). »The effects of empowerment on attitudes and performance: The role of social support and empowerment beliefs.« In: *Journal of Management* Studies, Band 44, Nummer 8, Seite 1523–1550

1 Alles dauert länger, als man denkt

Etwa neun von zehn Projekte …: Bent Flyvbjerg (2005). »Policy and planning for large infrastructure projects: problems, causes, cures.« *Policy Research Working Paper*, Nummer 3781. World Bank, Washington DC

Die legendären Psychologen …: Daniel Kahneman und Amos Tversky (1979). »Intuitive prediction: biases and corrective procedures.« In: *TIMS Studies in Management Science*, Band 12, Seite 313–327

Nur 30 Prozent …: Roger Buehler et al (1994). »Exploring the ›planning fallacy‹: Why people underestimate their task completion times.« In: *Journal of Personality and Social Psychology*, Band 67, Nummer 3, Seite 366–381

2 Alter bringt Zufriedenheit

So lautete vor einigen Jahren …: Thomas Ng und Daniel Feldman (2010). »The relationships of age with job attitudes: A meta-analysis.« In: *Personnel Psychology*, Band 63, Ausgabe 3, Seite 677–718

3 Nur Anfänger reagieren auf Kritik allergisch

Jim Haskel ...: Ted-Vortrag von Ray Dalio, https://www.ted.com/talks/ray_dalio_how_to_build_a_company_where_the_best_ideas_win/transcript (abgerufen am 18.4.2019)

Das zeigte vor einigen Jahren ...: Stacey Finkelstein und Ayelet Fishbach (2012). »Tell me what I did wrong: Experts seek and respond to negative feedback.« In: *Journal of Consumer Research*, Band 39, Nummer 1, Seite 22–38

4 Anregungen sind beliebter als Einwände

Dieser Frage widmete sich ...: Elizabeth McClean et al (2018). »The social consequences of voice: An examination of voice type and gender on status and subsequent leader emergence.« In: *Academy of Management Journal*, Band 61, Nummer 5, Seite 1869–1891

5 Was leicht aussieht, ist immer harte Arbeit

Über Roger Federer ...: David Foster Wallace (2006). »Poesie in Bewegung.« In: Der Spiegel 45/2006

Menschen brauchen mindestens zehn Jahre Übung ...: Anders Ericsson et al (1993). »The Role of Deliberate Practice in the Acquisition of Expert Performance.« In: *Psychological Review*, Band 100, Nummer 3, 363–406

6 Seien Sie bloß nicht zu authentisch

Wer wüsste das besser als die Amerikanerin Cynthia Danaher ...: Carol Hymowitz (1999). »One woman learned to start being a leader.« In: *Wall Street Journal* vom 16. März 1999

Der Tübinger Medienwissenschaftler ...: Ulrich Schnabel (2014). »Mein wahres Gesicht.« In: *Die Zeit* Nr. 34/2014

Der Schriftstellerin Juli Zeh ...: Juli Zeh (2006). »Zur Hölle mit der Authentizität!« In: *Die Zeit* Nr. 39/2006

Authentizität ist zum Goldstandard ...: Herminia Ibarra (2015). »The Authenticity Paradox.« In: *Harvard Business Review* Januar/Februar 2015

Diese Frage stellte sich ...: David Day et al (2002). »Self-monitoring personality at work: A meta-analytic investigation of construct validity.« In: *Journal of Applied Psychology*, Band 87, Nummer 2, 390–401

7 Belastung lässt uns aufblühen

Im Prinzip habe ich ihn zum Feind erklärt ...: TED-Vortrag von Kelly McGonigall, https://www.ted.com/talks/kelly_mcgonigal_how_to_make_stress_your_friend?language=de (abgerufen am 18.4.2019)

Im Jahr 1936 ...: Hans Selye (1936). »A syndrome produced by diverse nocuous agents.« In: *Nature*, Band 138, Ausgabe 3479, Seite 32

Darin beantworten 29 000 Amerikaner ...: Abiola Keller (2012). »Does the perception that stress affects health matter? The Association with health and mortality.« In: *Health Psychology*, Band 31, Nummer 5, Seite 677–684

Probanden, die eine körperliche Stressreaktion ...: Jeremy Jamieson (2012). »Mind over matter: Reappraising arousal improves cardiovascular and cognitive responses to stress.« In: *Journal of Experimental Psychology: General*, Band 141, Nummer 3, Seite 417–422

Wer sich für vielbeschäftigt hält: Jeehye Christine Kim (2019). »When busy is less indulging: Impact of busy mindset on self-control behaviors.« In: *Journal of Consumer Research*, Band 45, Ausgabe 5, Seite 933–952

8 Bescheidenheit wird bestraft

Zu diesem Resultat gelangte …: Ovul Sezer et al (2018). »Humblebragging: A distinct – and ineffective – self-presentation strategy.« In: *Journal of Personality and Social Psychology*, Band 114, Nummer 1, Seite 52–74

9 Boni töten die Motivation

Damals wertete er 128 Studien aus …: Edward Deci (2001). »Extrinsic rewards and intrinsic motivation in education: Reconsidered once again.« In: *Review of Educational Research*, Band 71, Nummer 1, Seite 1–27

10 Charisma wird glorifiziert

Ein gewisses Maß Charisma …: Jasmine Vergauwe et al (2018). »The double-edged sword of leader charisma: Understanding the curvilinear relationship between charismatic personality and leader effectiveness.« In: *Journal of Personality and Social Psychology*, Band 114, Nummer 1, 110–130

11 Disziplin wird idealisiert

Er befragte vor einigen Jahren …: Carsten Wrosch (2007). »Giving up on unattainable goals: Benefits for health?« In: *Personality and Social Psychology Bulletin*, Band 33, Nummer 2, Seite 251–265

Und die Motivationspsychologin …: Veronika Brandstätter und Marcel Herrmann (2015). »Goal disengagement in emerging adulthood: The adaptive potential of action crises.« In: *International Journal of Behavioral Development*, Band 40, Nummer 2, Seite 117–125

12 E-Mails führen zu Missverständnissen

21 E-Mails landen bei einem …: Umfrage im Auftrag des Digitalverbands Bitkom (2018). »21 E-Mails landen durchschnittlich pro Tag im Posteingang.« Presseinformation. Auf: Bitkom.org, 17. Juli 2018, https://www.bitkom.org/Presse/Presseinforma tion/21-E-Mails-landen-durchschnittlich-pro-Tag-im-Posteingang.html (abgerufen am 18.4.2019)

Eine Erklärung lieferte …: Justin Kruger et al (2005). »Egocentrism over e-mail: Can we communicate as well as we think?« In: *Journal of Personality and Social Psychology*, Band 89, Nummer 6, Seite 925–936

13 Elternzeit schadet der Karriere

Je länger Frauen aussetzen …: Claudia Olivetti und Barbara Petrongolo (2017). »The economic consequences of family policies: Lessons from a century of legislation in high-income countries.« In: *Journal of Economic Perspectives*, Band 31, Nummer 1, Seite 205–30

Sie gewann Hunderte von Probanden …: Ivona Hideg et al (2018). »The unintended consequences of maternity leaves: How agency interventions mitigate the negative effects of longer legislated maternity leaves.« In: *Journal of Applied Psychology*, Band 3, Nummer 10, Seite 1155–1164

14 Empathie wird überschätzt

Das Problem ist ...: Andreas König et al (2018). »A blessing and a curse: How CEOs' empathy affects their management of organizational crisis.« In: *Academy of Management Review* (bislang nur online verfügbar), https://www.researchgate.net/publication/327949488_A_blessing_and_a_curse_How_CEOs'_empathy_affects_their_management_of_organizational_crises; abgerufen am 18.4.2019)

15 Fremde Entscheidungen treffen wir sorgfältiger

Hatten sie eine höhere Trefferquote ...: André Mata et al (2013). »Reasoning about others' reasoning.« In: *Journal of Experimental Social Psychology*, Band 49, Ausgabe 3, Seite 486–491

Wenn wir für andere entscheiden ...: Evan Polman et al (2018). »Choosing for others and its relation to information search.« In: *Organizational Behavior and Human Decision Processes*, Band 147, Seite 65–75

Erstens könne jeder einen Mentor ...: Evan Polman (2018). »Why it's easier to make decisions for someone else.« Auf: *Harvard Business Review online*, 13. November 2018, https://hbr.org/2018/11/why-its-easier-to-make-decisions-for-someone-else (abgerufen am 18.4.2019)

16 Erfolg braucht eine Glückssträhne

Die Komplexitätsforscherin ...: Lu Lui et al (2018). »Hot streaks in artistic, cultural, and scientific careers.« In: *Nature*, Band 559, Seite 396–399

17 Erfolg macht einsam

In den Vierzigerjahren ...: Melville Dalton (1948). »The Industrial ›Rate Buster‹: A Characterization.« In: *Human Organization*, Band 7, Nummer 1, Seite 5–18

Die Assistenzprofessorin ...: Elizabeth Campbell et al (2017). »Hot shots and cool reception? An expanded view of social consequences for high performers.« In: *Journal of Applied Psychology*, Band 102, Nummer 5, Seite 845–866

18 Ständige Erreichbarkeit senkt das Engagement

Sie befragte mehr als 200 Männer und Frauen ...: Klodiana Lanaj et al (2014). »Beginning the workday yet already depleted? Consequences of late-night smartphone use and sleep.« In: *Organizational Behavior and Human Decision Processes*, Band 124, Ausgabe 1, Seite 11–23

19 Der Erste wird nicht immer belohnt

Mitte der Sechzigerjahre ...: Marguerite Holloway (2017). »The Astronomer Jocelyn Bell Burnell looks back on her cosmic legacy.« Auf: *The New Yorker online*, 30. Dezember 2017, https://www.newyorker.com/tech/annals-of-technology/the-astronomer-jocelyn-bell-burnell-looks-back-on-her-cosmic-legacy (abgerufen am 18.4.2019)

Die beiden Stanford-Professoren ...: Marvin Lieberman und David Montgomery (1988). »First-mover advantages.« In: *Strategic Management Journal*, Band 9, Ausgabe S1, Seite 41–58

Und ob, schlussfolgerten ...: Peter Golder und Gerard Tellis (1993). »Pioneer Advantage: Marketing Logic or Marketing Legend?« In: *Journal of Marketing Research*, Band 30, Nummer 2, Seite 158–170

Ich will und brauche es nicht ...: Pallab Ghosh (2018). »Bell Burnell: Physics star gives away £2.3 m prize«. Auf: BBC.com, 6. September 2018, https://www.bbc.com/news/science-environment-45425872 (abgerufen am 18.4.2019)

20 Experten werden überbewertet

Dazu passt auch eine Umfrage von Kienbaum …: Rekrutierungsbedarf nach Stellenart in Deutschland bis 2015. Auf: Statista, Juli 2015, https://de.statista.com/statistik/daten/studie/323445/umfrage/rekrutierungsbedarf-von-personalverantwortlichen-nach-stellenart-in-deutschland (abgerufen am 18.4.2019)

Vor einigen Jahren …: Cláudia Custódio et al (2019). »Do general managerial skills spur innovation?« In: *Management Science*, Band 65, Ausgabe 2, Seite 459–476

21 Frauen sind zu selbstlos

Mitte der Neunzigerjahre …: Linda Babcock und Sara Laschever (2009). *Ask For It: How Women Can Use the Power of Negotiation to Get What They Really Want*. New York: Bantam Dell

Wo immerhin im Schnitt 31 Prozent der Posten …: Boston Consulting Group (2018). »Henkel führt den DAX in Sachen Geschlechtervielfalt an«. Pressemitteilung. Auf: BCG.com, 21. Dezember 2018, https://www.bcg.com/de-de/d/press/BCG_2018_Dez21_PM_DiversityChampions-210364 (abgerufen am 18.4.2019)

Denn in einer Studie …: Linda Babcock et al (2017). »Gender differences in accepting and receiving requests for tasks with low promotability.« In: *American Economic Review*, Band 107, Nummer 3, Seite 714–747

Die Lösung kann nicht sein …: Linda Babcock et al: »Why women volunteer for tasks that don't lead to promotions.« In: *Harvard Business Review*, Juli 2018. https://hbr.org/2018/07/why-women-volunteer-for-tasks-that-dont-lead-to-promotions (abgerufen am 18.4.2019)

22 Es gibt im Job keine echten Freundschaften

Natürlich wollen wir nicht behaupten …: Julianna Pillemer und Nancy Rothbard (2018). »Friends without benefits: Understanding the dark sides of workplace friendship.« In: *Academy of Management Review*, Band 43, Nummer 4, Seite 635–660

23 Ein hohes Gehalt macht nicht glücklich

Der Managementprofessor …: Timothy Judge et al (2010). »The relationship between pay and job satisfaction: A meta-analysis of the literature.« In: *Journal of Vocational Behavior*, Band 77, Ausgabe 2, Seite 157–167

24 Geheimnisse kosten Kraft

Zu diesem Resultat …: Michael Slepian und Katharine Greenaway (2018). »The benefits and burdens of keeping others' secrets.« In: *Journal of Experimental Social Psychology*, Band 78, Seite 220–232

25 An jedem Gerücht ist was dran

Eine der ersten Studien …: Theodore Caplow (1947). »Rumours in war.« In: *Social Forces*, Band 25, Seite 298–302

Der Kommunikationswissenschaftler …: Jules Harcourt et al (1991). »A national study of middle managers' assessment of organization communication quality.« In: *The Journal of Business Communication*, Band 28, Nummer 4, Seite 348–365

Wahre Gerüchte sind im Arbeitskontext …: Nicholas DiFonzo (2009). *The Water-*

cooler Effect – An Indispensable Guide to Understanding and Harnessing the Power of Rumors. New York: Avery, Seite 175

26 Geschäftigkeit dient als Statussymbol

Lange Arbeitszeiten und wenig Freizeit …: Silvia Bellezza et al (2017). »Conspicuous consumption of time: When busyness and lack of leisure time become a status symbol.« In: *Journal of Consumer Research*, Band 44, Ausgabe 1, Seite 118–138

27 Gründer sind miserable Manager

Diese Ansicht vertritt …: Victor Manuel Bennett et al (2017). »Are Founder CEOs Good Managers?« In: *Measuring Entrepreneurial Businesses: Current Knowledge and Challenges*. Hrsg. von John Haltiwanger. Chicago: University of Chicago Press

Damals untersuchte der Managementprofessor …: Noam Wasserman (2008). »The Founder's Dilemma.« Auf: *Harvard Business Review*, Februar 2008. https://hbr.org/2008/02/the-founders-dilemma (abgerufen am 18.4.2019)

Die tägliche Beaufsichtigung …: Der Tweet von Eric Schmidt lautete im Original: »Day-to-day adult supervision no longer needed!« Auf: Twitter.com, 20. Januar 2011, https://twitter.com/ericschmidt/status/28196946376130560 (abgerufen am 18.4.2019)

28 Hilfsbereitschaft wird missverstanden

Für den ersten Teil …: Hun Whee Lee et al (2019). »The benefits of receiving gratitude for helpers: A daily investigation of proactive and reactive helping at work.« In: *Journal of Applied Psychology*, Band 104, Nummer 2, Seite 197–213

29 Im Home Office macht man keine Karriere

Das Bundesarbeitsministerium …: Daniel Arnold et al (2015). Forschungsbericht Mobiles und entgrenztes Arbeiten, Seite 18

Niemand hat das jemals …: Video des Interviews: https://www.youtube.com/watch?v=Mh4f9AYRCZY (abgerufen am 18.4.2019)

Laut einer Studie der International Labour Organization (ILO) leiden 29 Prozent der Büroarbeiter …: Eurofound and the International Labour Office (2017). Working anytime, anywhere: The effects on the world of work. Publications Office of the European Union, Luxembourg, and the International Labour Office, Geneva, Seite 38

Davor warnt unter anderem …: Nicholas Bloom et al (2013). »Does working from home work? Evidence from a chinese experiment.« *NBER Working Paper, Nummer 18871*

30 Idioten werden eher Chef

Mehr als Wachtmeister zu werden?: Gotthold Ephraim Lessing: *Minna von Barnhelm*. Kapitel 3, Akt 3, Szene 7. Auf: Projekt Gutenberg, http://gutenberg.spiegel.de/buch/minna-von-barnhelm-1172/3 (abgerufen am 18.4.2019)

Die Unternehmensberatung …: Rochus-Mummert (2016). »Umfrage: Zwei von drei Arbeitnehmern halten ihren Chef für ungeeignet.« Presseinformation. Auf: https://www.rochusmummert.com/downloads/news/160426_FINAL_PI_Emotionale_F%C3%BChrung_4.pdf (abgerufen am 18.4.2019)

Und dem Engagement Index …: Gallup (2018). »Neuer Gallup Engagement Index 2018.« Pressemitteilung. Auf: Gallup.de, 29. August 2018, https://www.gallup.de/file/245471/Pressemeldung_Gallup_Engagement_Index_2018.pdf (abgerufen am 18.4.2019)

Bei Beförderungen achten Unternehmen ...: Alan Benson et al (2018). »Promotions and the Peter Principle.« *NBER Working Paper Nummer 24343*
Nichts ist gewöhnlicher ...: Carl von Clausewitz (2008). *Vom Kriege.* Hamburg: Nikol, Seite 72

31 Intelligenz gefährdet die Gesundheit

Die Psychologin vom Pitzer College ...: Ruth Karpinski (2018). »High intelligence: A risk factor for psychological and physiological overexcitabilities.« In: *Intelligence*, Band 66, Seite 8–23

32 Introvertierte wollen nicht auf den Chefsessel

Der Doktorand an der Queensland University ...: Andrew Spark et al (2018). »The failure of introverts to emerge as leaders: The role of forecasted affect.« In: *Personality and Individual Differences*, Band 121, Seite 84–88

33 Es lebe die Komfortzone

Das fragten sich auch zwei amerikanische Wissenschaftler ...: F. Houghten und C. P. Yagaloglou (1923). »Determination of the Comfort Zone.« In: *Transactions of the American Society of Heating and Ventilation Engineers*, Band 29, Nummer 2, Seite 163–168
Um den Lernprozess zu beschleunigen ...: Robert Yerkes und John Dodson (1907). »The dancing mouse – A study in animal behavior.« In: *Journal of Comparative Neurology & Psychology*, Nummer 18, Seite 459–482
Deshalb wertete er für seine Metastudie ...: Martin Corbett (2013). »Cold comfort firm: Lean organisation and the empirical mirage of the comfort zone.« In: *Culture and Organization*, Band 19, Ausgabe 5, Seite 413–429

34 Konkurrenz fördert die Kreativität

Und darin stellt der Assistenzprofessor für Betriebswirtschaftslehre ...: Daniel Gross (2018). »Creativity Under Fire: The Effects of Competition on Creative Production.« *NBER Working Paper, Nummer 25057*

35 Korrekturen sind besser als Makellosigkeit

Die Korrektur eines Fehlers ...: Daniella Kupor et al (2018). »The (bounded) benefits of correction: The unanticipated interpersonal advantages of making and correcting mistakes.« In: *Organizational Behavior and Human Decision Processes*, Band 149, Seite 165–178

36 Kreativität braucht Chaos

Zusammen mit ihrem Team ...: Kathleen Vohs et al (2013). »Physical order produces healthy choices, generosity, and conventionality, whereas disorder produces creativity.« In: *Psychological Science*, Band 24, Nummer 9, Seite 1860–1867

37 Kündigungen aus Frust rächen sich

Der Ökonom von der Federal Reserve Bank of Chicago ...: Jason Faberman hat seine Studien in einem Beitrag zusammengefasst: *Do the Employed Get Better Job Offers?* Auf: Liberty Street Economics, 4. April 2018, https://libertystreeteconomics.newyork fed.org/2018/04/do-the-employed-get-better-job-offers.html (abgerufen am 18.4.2019)

38 Ein bisschen Lärm muss sein

Die beiden Harvard-Forscher …: Ethan Bernstein und Stephen Turban (2018). »The impact of the ›open‹ workspace on human collaboration.« In: *Philosophical Transactions of the Royal Society B: Biological Sciences*, Band 373, Ausgabe 1753

Zunächst versammelte er …: Ravi Mehta et al (2012). »Is noise always bad? Exploring the effects of ambient noise on creative cognition.« In: *Journal of Consumer Research*, Band 39, Nummer 4, Seite 784–799

39 Langeweile macht kreativ

Die britische Psychologin …: Sandi Mann und Rebekah Cadman (2014). »Does being bored make us more creative?« In: *Creativity Research Journal*, Band 26, Ausgabe 2, Seite 165–173

40 Lebenserfahrung ist ein Vorteil

Der Professor der renommierten Sloan School of Management …: Pierre Azoulay et al (2018). »Age and high-growth entrepreneurship.« *NBER Working Paper, Nummer 24489*

41 Leidenschaft führt ins Unglück

Es begann in der Kindheit …: Elif Batuman (2016). »Vladimir Nabokov, Butterfly Illustrator«. Auf: *The New Yorker*, 23. März 2016. www.newyorker.com/tech/annals-of-technology/vladimir-nabokov-butterfly-illustrator (abgerufen am 18.4.2019)

Vor dem fatalen Dogma der Passion …: Paul O'Keefe et al (2018). »Implicit theories of interest: Finding your passion or developing it?« In: *Psychological Science*, Band 29, Nummer 10, Seite 1653–1664

42 Lob macht faul

Die Organisationspsychologin …: Rebecca Hewett und Neil Conway (2016). »The undermining effect revisited: The salience of everyday verbal rewards and self-determined motivation.« In: *Journal of Organizational Behavior*, Band 37, Ausgabe 3, Seite 436–455

43 Loyalität lohnt sich nicht

Denn die Managementforscherin …: Shoshana Dobrow Riza et al (2018). »Time and job satisfaction: A longitudinal study of the differential roles of age and tenure.« In: *Journal of Management*, Band 44, Nummer 7, Seite 2558–2579

44 Lügen steigern das Ansehen

Eine Antwort entdeckten …: Emma Levine und Maurice Schweitzer (2014). Are liars ethical? On the tension between benevolence and honesty.« In: *Journal of Experimental Social Psychology*, Band 53, Seite 107–117

Wir sollten längst nicht immer …: Wharton School of Business (2014). »Is every lie ›a sin‹? Maybe not«. Auf: Knowledge@Wharton. 17. September 2014, http://knowledge.wharton.upenn.edu/article/when-lying-is-ethical/ abgerufen am 18.4.2019)

45 Macht vernebelt die Selbstwahrnehmung

Sie können sich entweder …: Joris Lammers und Pascal Burgmer (2018). »Power increases the self-serving bias in the attribution of collective successes and failures.« In: *European Journal of Social Psychology* (bislang nur online verfügbar).

46 Meditation schadet der Motivation

Der amerikanische Psychiater ...: David Brendel (2015). »There Are Risks to Mindfulness at Work.« Auf: *Harvard Business Review*, 11. Februar 2015, https://hbr.org/2015/02/there-are-risks-to-mindfulness-at-work (abgerufen am 18.4.2019)

In einem davon lauschte die eine Hälfte ...: Andrew Hafenbrack und Kathleen Vohs (2018). »Mindfulness meditation impairs task motivation but not performance.« In: *Organizational Behavior and Human Decision Processes*, Band 147, Seite 1–15

47 Millionengehälter haben üble Folgen

Wie recht er damit hatte ...: »Arianna Benedetti und Serena Chen (2018). High CEO-to-worker pay ratios negatively impact consumer and employees perceptions of companies.« In: *Journal of Experimental Social Psychology*, Band 79, Seite 378–393

Diese Vermutung geht zurück auf ...: John Stacey Adams (1965). »Inequity in social exchange.« In: *Advances in Experimental Social Psychology*, Band 2, 267–299

48 Mittelmanager werden öfter krank

Das vermutet zum Beispiel ...: Seth Prins et al (2015). »Anxious? Depressed? You might be suffering from capitalism: Contradictory class locations and the prevalence of depression and anxiety in the USA.« In: *Sociology of Health & Illness*, Band 37, Nummer 8, Seite 1352–1372

Der britische Mediziner ...: Michael Marmot et al (1984). »Inequalities in death--specific explanations of a general pattern?« In: *The Lancet*, Band 323, Ausgabe 8384, Seite 1003–1006 (Whitehall I), und Michael Marmot et al (1991). »Health inequalities among British civil servants: The Whitehall II study.« In: *The Lancet*, Band 337, Ausgabe 8754, Seite 1387–1393 (Whitehall II)

49 Morgenlerchen haben einen besseren Ruf als Nachteulen

Vorgesetzte halten Angestellte ...: Kai Chi Yam et al (2014). »Morning employees are perceived as better employees: Employees' start times influence supervisor performance ratings.« In: *Journal of Applied Psychology*, Band 99, Nummer 6, Seite 1288–1299

50 Überbringer schlechter Nachrichten werden bestraft

Mal ging es um eine schlechte medizinische Diagnose ...: Leslie John et al (2019). »Shooting the Messenger.« In: *Journal of Experimental Psychology: General*, April 2019, https://www.hbs.edu/faculty/Pages/item.aspx?num=55611 (abgerufen am 18.4.2019)

51 Narzissmus begünstigt den Aufstieg

222 Freiwillige ...: Delroy Paulhus et al (2013). »Self-presentation style in job interviews: The role of personality and culture.« In: *Journal of Applied Social Psychology*, Band 43, Ausgabe 10, Seite 2042–2059

Die Psychologin gewann 432 Testpersonen ...: Amy Brunell et al (2008). »Leader emergence: The case of the narcissistic leader.« In: *Personality and Social Psychology Bulletin*, Band 34, Nummer 12, Seite 1663–1676

Er analysierte die Investitionsentscheidungen ...: Wolf-Christian Gerstner et al (2013). »CEO narcissism, audience engagement, and organizational adoption of technological discontinuities.« In: *Administrative Science Quarterly*, Ausgabe 58, Nummer 2, Seite 257–291

52 Nette Menschen verdienen weniger

Die beiden Managementforscher …: Sandra Matz und Joe Gladstone (2018). »Nice guys finish last: When and why agreeableness is associated with economic hardship.« In: *Journal of Personality and Social Psychology* (bisher nur online erschienen). Auf: https://www.apa.org/pubs/journals/releases/psp-pspp0000220.pdf (abgerufen am 18.4.2019)

53 Nichtstun ist unerträglich

Zu diesem kuriosen Fazit …: Timothy Wilson et al (2014). »Just think: The challenges of the disengaged mind.« In: *Science*, Band 345, Ausgabe 6192, Seite 75–77

54 Organisationen brauchen Hierarchien

Beginnen wir im Hühnerstall …: William Muir (1996). »Group selection for adaptation to multiple-hen cages: Selection program and direct responses.« In: *Poultry Science*, Band 75, Seite 447–458

Da wundert es kaum …: Kienbaum (2017). »Deutsche Fachkräfte wollen flache Hierarchien und klare Ansagen«. Pressemitteilung. Auf: Kienbaum.com, 22. März 2017, https://www.kienbaum.com/de/news/presse/fachkraefte-wollen-flache-hierarchien-und-klare-ansagen (abgerufen am 18.4.2019)

Wissenschaftler haben schon oft versucht …: Deborah Gruenfeld und Larissa Tiedens (2010). »Organizational preferences and their consequences.« In: *Handbook of Social Psychology*, Seite 1252–1287

Darauf deutete vor einigen Jahren …: Emily Zitek und Larissa Tiedens (2012). »The fluency of social hierarchy: The ease with which hierarchical relationships are seen, remembered, learned, and liked.« In: *Journal of Personality and Social Psychology*, Band 102, Nummer 1, Seite 98–115

Die Abschaffung des Organigramms führt zu neuen …: Susan Greenberg (2012). »Building Organizations That Work.« Auf: *Insights by Stanford Business*, 1. August 2012, https://www.gsb.stanford.edu/insights/building-organizations-work (abgerufen am 18.4.2019)

Mit dieser Frage beschäftigte sich …: Stephen Angle et al (2017). »In Defense of Hierarchy.«. Auf: *Aeon online*, 22. März 2017, https://aeon.co/essays/hierarchies-have-a-place-even-in-societies-built-on-equality (abgerufen am 18.4.2019)

55 Pendeln kann man sich schönreden

Wenn es gut läuft …: Auswertung des Bundesinstituts für Bau-, Stadt- und Raumforschung. Auf: Statista, 3. April 2017, https://de.statista.com/infografik/8781/deutsche-grossstaedte-nach-anzahl-der-pendelnden-beschaeftigten/ (abgerufen am 18.4.2019)

Von den Pendlern, die täglich mehr als 90 Minuten …: Steve Crabtree (2010). » Well-Being Lower Among Workers With Long Commutes«. Auf: Gallup, 13. August 2010, https://news.gallup.com/poll/142142/Wellbeing-Lower-Among-Workers-Long-Commutes.aspx (abgerufen am 18.4.2019)

Pendeln war die Aktivität …: Daniel Kahneman (2004). »A survey method for characterizing daily life experience: the day reconstruction method.« In: *Science*, Band 306, Ausgabe 5702, Seite 1776–80

Wer für den Weg zur Arbeit …: Alois Stutzer und Bruno Frey (2004). »Stress that doesn't pay: The commuting paradox.« *Discussion Paper Nummer 1278*

Der Psychologe der Columbia Business School: Jon Jachimowicz (2016). »Commuting with a plan: How goal-directed prospection can offset the strain of commuting.« *Harvard Business School Working Paper 16-077*

56 Perfektionismus ist sinnlos

Das fragte sich im Jahr 2018 …: Dana Harari et al (2018). »Is perfect good? A metaanalysis of perfectionism in the workplace.« In: *Journal of Applied Psychology*, Band 103, Nummer 10, Seite 1121–1144

57 Ein Plan B macht alles kaputt

Der bloße Gedanke an einen Alternativplan …: Jihae Shin und Katherine Milkman (2016). »How backup plans can harm goal pursuit: The unexpected downside of being prepared for failure.« In: *Organizational Behavior and Human Decision Processes*, Band 135, Seite 1–9

58 Prokrastination wird zu Unrecht verteufelt

Das glaubt zum Beispiel …: Jin Nam Choi und Sarah Moran (2009). »Why not procrastinate? Development and validation of a new active procrastination scale.« In: *Journal of Social Psychology*, Band 149, Nummer 2, Seite 195–211

59 Querdenker haben es schwer

Wie mächtig diese Intoleranz ist …: Jennifer Mueller et al (2012). »The bias against creativity: Why people desire but reject creative ideas.« In: *Psychological Science*, Band 23, Nummer 1, Seite 13–17

60 Wer um Rat bittet, wirkt kompetenter

Bei schwierigen Aufgaben …: Alison Wood Brooks et al (2015). »Smart people ask for (my) advice: Seeking advice boosts perceptions of competence.« In: *Management Science*, Band 61, Nummer 6, Seite 1421–1435

61 Wer einen Rat zurückweist, riskiert seinen Ruf

Im Jahr 1921 …: Hazel Knight (1921). »A comparison of the reliability of group and individual judgments.« *Unveröffentlichte Masterarbeit, Columbia University*
Aber schon drei Jahre später …: Kate Gordon (1924). »Group judgments in the field of lifted weights.« In: *Journal of Experimental Psychology*, Band 7, Nummer 5, Seite 398–400
Nur einer der 56 Befragten …: Jack Treynor (1987). »Market efficiency and the bean jar experiment.« In: *Financial Analysts Journal*, Band 43, Nummer 3, Seite 50–53
Die simpelste Methode …: James Surowiecki (2017). *Die Weisheit der Vielen.* Kulmbach: Plassen Verlag (epub-Ausgabe), Seite 26
In einem ihrer Experimente …: Hayley Blunden et al (2019). »Seeker beware: The interpersonal costs of ignoring advice.« In: *Organizational Behavior and Human Decision Processes.* Band 150, Seite 83–100

62 Scheitern wird verherrlicht

Ich war damals so arm …: Ian Parker (2012). »Mugglemarch«. In: *The New Yorker*, 1. Oktober 2012
Ich würde niemals behaupten …: J. K. Rowling (2008). Abschlussrede an der Harvard University am 5. Juni 2008. Auf: The Harvard Gazette, 5. Juni 2008, https://news.harvard.edu/gazette/story/2008/06/text-of-j-k-rowling-speech/ (abgerufen am 18.4.2019)

Darauf deutet zum Beispiel eine Studie ...: Paul Gompers et al (2008). »Performance persistence in entrepreneurship.« HBS Working Paper Nummer 09–028

Der Managementprofessor von der University of Notre Dame ...: Dean Shepherd et al (2012). »Moving forward from project failure: Negative emotions, affective commitment, and learning from the experience.« In: *Academy of Management Journal*, Band 54, Nummer 6, Seite 1229–1259

63 Schicksalsschläge sind gar nicht so schlimm

Diese Fragen stellte die Marktforschung Toluna ...: »Haben Sie Angst, infolge eines Karriere-Knicks in Ihrem Berufsleben zurückgeworfen zu werden?« Auf: Statista, Oktober 2011, https://de.statista.com/statistik/daten/studie/204248/umfrage/umfrage-zur-angst-vor-karriere-rueckschlaegen/ (abgerufen am 18.4.2019)

Falls Sie das nicht glauben ...: Reto Odermatt und Alois Stutzer (2019). »(Mis-)Predicted subjective well-being following life events.« In: *Journal of the European Economic Association*, Band 17, Ausgabe 1, Seite 245–283

64 Schleimer vergiften das Betriebsklima

In insgesamt sechs Experimenten ...: David De Cremer (2017). »CC'ing the boss on email makes employees feel less trusted.« Auf: *Harvard Business Review*, 20. April 2017, https://hbr.org/2017/04/ccing-the-boss-on-email-makes-employees-feel-less-trusted (abgerufen am 18.4.2019)

65 Schwarzmalerei ist ein Machtinstrument

Menschen empfinden Schwarzmalerei ...: Eileen Chou (2018). »Naysaying and negativity promote initial power establishment and leadership endorsement.« In: *Journal of Personality and Social Psychology*, Band 115, Nummer 4, Seite 638–656

66 Smartphones stören die Konzentration

Liest man die Studie ...: Adrian Ward et al (2017). »Brain drain: The mere presence of one's own smartphone reduces available cognitive capacity.« In: *Journal of the Association for Consumer Research*, Band 2, Nummer 2, Seite 140–154

Im Jahr 2009 ...: » Absatz von Smartphones in Deutschland in den Jahren 2009 bis 2019«. Auf: Statista, Februar 2019, https://de.statista.com/statistik/daten/studie/77637/umfrage/absatzmenge-fuer-smartphones-in-deutschland-seit-2008/ (abgerufen am 18.4.2019)

Etwa jeder dritte ...: » Wie viel Zeit verbringen Sie täglich an Ihrem Smartphone?«. Auf: *Statista*, April 2017, https://de.statista.com/statistik/daten/studie/714962/umfrage/umfrage-zur-taeglichen-nutzungsdauer-von-smartphones-in-deutschland/ (abgerufen am 18.4.2019)

67 Störungen haben etwas Gutes

Hier leben heute 250 Einwohner ...: Klaus Taschwer (2017). »Norwegische Spurensuche nach Ludwig Wittgenstein.« Auf: *Der Standard*, 2. Juni 2017, https://derstandard.at/2000058491153/Osterrike-ueber-dem-Fjord-Norwegische-Spurensuche-nach-Ludwig-Wittgenstein (abgerufen am 18.4.2019)

Jeder deutsche Angestellte ...: Studie von Sharp Business Systems (2016). »Zeitfresser: Deutsche Büro-Angestellte verlieren 20 Arbeitstage pro Jahr durch langsame Technik.«. Auf: Sharp, 19. Oktober 2016, https://www.sharp.at/cps/rde/xchg/at/hs.xsl/-/html/zeitfresser-deutsche-buero-angestellte-verlieren-20-arbeitstage-pro-jahr-durch-l.htm (abgerufen am 18.4.2019)

Mit dieser Frage beschäftigte sich: Ioanna Katidioti et al (2016). »Interrupt me: External interruptions are less disruptive than self-interruptions.« In: *Computers in Human Behavior*, Band 63, Seite 906–915

68 Streit tut gut

Dazu passt auch eine Umfrage …: Mazars (2014). »Streit. Erfolgreich oder Folgenreich! Konflikte und deren Beilegung.« *Ergebnisse der IHK Frankfurt am Main Umfrage*. Auf: IHK Frankfurt-Main, https://www.frankfurt-main.ihk.de/images/bro schueren/Streitbeilegung.pdf (abgerufen am 18.4.2019)

Die Kostbarkeit des Konflikts …: Carsten De Dreu und Bernard Nijstad (2008). »Mental set and creative thought in social conflict: threat rigidity versus motivated focus.« In: *Journal of Personality and Social Psychology*, Band 95, Nummer 3, Seite 648–661

69 Talent ist angesehener als Fleiß

Die Assistenzprofessorin am University College London: Chia-Jung Tsay und Mahzarin Banaji (2011). »Naturals and strivers: Preferences and beliefs about sources of achievement.« In: *Journal of Experimental Social Psychology*, Band 47, Ausgabe 2, Seite 460–465

Als Beleg dient ihr eine Studie …: Chia-Jung Tsay (2016). »Privileging Naturals Over Strivers: The Costs of the Naturalness Bias.« In: *Personality and Social Psychology Bulletin*, Band 42, Nummer 1, Seite 40–53

70 Ohne Termindruck passiert nichts

In einem Versuch sollten die Teilnehmer …: Meng Zhu et al (2019). »The mere deadline effect: Why more time might sabotage goal pursuit.« In: *Journal of Consumer Research*, Band 45, Ausgabe 5, Seite 1068–1084

71 Transparenz fördert den Frust

Für seine Studie nutzte der Ökonomieprofessor …: David Card et al (2012). »Inequality at work: The effect of peer salaries on job satisfaction.« In: *American Economic Review*, Band 102, Nummer 6, Seite 2981–3003

72 Überstunden fördern die Karriere

Im Jahr 2017 leisteten …: » Bezahlte und unbezahlte Überstunden der Arbeitnehmer in Deutschland von 2000 bis 2018«. Auf: Statista, März 2019, https://de. statista.com/statistik/daten/studie/76945/umfrage/ueberstunden-der-arbeitnehmer-in-deutschland-seit-2000/ (abgerufen am 18.4.2019)

Die Vergütungsanalysten …: Compensation Partner (2018). »Arbeitszeitmonitor 2018«. Auf: Compensation Partner, Juni 2018, https://www.compensation-partner.de/downloads/arbeitszeitmonitor-2018.pdf (abgerufen am 18.4.2019)

Die meisten gehen auf das Konto …: »Wer die meisten Überstunden macht«. Auf: Statista, 27. Juni 2018, https://de.statista.com/infografik/14454/wer-die-meisten-eeber stunden-macht/ (abgerufen am 18.4.2019)

Der Ökonomieprofessor an der amerikanischen Colgate University …: Takao Kato et al (2018). »Working hours and top management appointments: Evidence from linked employer-employee data.« IZA Discussion Paper, Nummer 11675

73 Versammlungen im Stehen sind besser als im Sitzen

Das Beispiel des französischen Generals …: Allen Bluedorn et al (1999). »The effects of stand-up and sit-down meeting formats on meeting outcomes.« In: *Journal of Applied Psychology*, Band 84, Nummer 2, Seite 277–285

Erst im Jahr 2018 …: »Wünsche von Erwerbstätigen zur Verbesserung der Arbeitsumgebung im Jahr 2018«. Auf: *Statista*, März 2018, https://de.statista.com/statistik/daten/studie/821813/umfrage/umfrage-unter-erwerbstaetigen-zu-wuenschen-am-arbeitsplatz/

74 Verwundbarkeit erzeugt Sympathie

Im Februar 2018 eröffnete dort die Ausstellung …: Candy Chang, James A. Reeves (2018). »A Monument for the Anxious and Hopeful.« Website des Projekts. Auf: Ritualfields, 2018, http://ritualfields.com/work/monument/ (abgerufen am 18.4.2019)

Viele Menschen haben das Gefühl …: Emily Esfahani Smith (2019). »Your Flaws Are Probably More Attractive Than You Think They Are.« Auf: *The Atlantic*, 9. Januar 2019, www.theatlantic.com/health/archive/2019/01/beautiful-mess-vulnerability/579892 (abgerufen am 18.4.2019)

Darin sollten sich die Freiwilligen …: Anna Bruk et al (2018). »Beautiful mess effect: Self-other differences in evaluation of showing vulnerability.« In: *Journal of Personality and Social Psychology*, Band 115, Nummer 2, Seite 192–205

Das bemerkte der berühmte US-Sozialpsychologe: Elliot Aronson et al (1966). »The effect of a pratfall on increasing interpersonal appeal.« In: *Psychonomic Science*, Band 4, Nummer 6, Seite 227–228

75 Die Work-Life-Balance steht dem Glück im Weg

Ich gönne mir in einer Phase: Jürgen Scharrer (2019). » Marketingchefin Antje Neubauer gönnt sich eine Pause«. Auf: Horizont, 15. Januar 2019. https://www.horizont.net/marketing/nachrichten/deutsche-bahn-marketingchefin-antje-neubauer-goennt-sich-eine-pause-172231 (abgerufen am 18.4.2019)

Aber das heißt noch lange nicht: Marissa Sharif et al (2018). »The effects of being time poor and time rich on life satisfaction.« Auf: Social Science Research Network, 10. Dezember 2018, https://ssrn.com/abstract=3285436 (abgerufen am 18.4.2019)

76 Hohe Ziele lassen sich leichter erreichen

Diese Frage stellte …: Antonios Stamatogiannakis et al (2018). »Attainment versus maintenance goals: Perceived difficulty and impact on goal choice.« In: *Organizational Behavior and Human Decision Processes*, Band 149, Seite 17–34

77 Der Zwang zum Glück fördert das Unglück

Für ihre Studie absolvierten 116 Studenten …: Lucy McGuirk et al (2018). »Does a culture of happiness increase rumination over failure?« In: *Emotion*, Band 18, Nummer 5, Seite 755–764